U0737950

底层逻辑

看清这个世界的底牌

逻辑 1

第2版

The Underlying Logic
How to See the Essence of Things

刘润 著

更新版

机械工业出版社
CHINA MACHINE PRESS

图书在版编目（CIP）数据

底层逻辑：看清这个世界的底牌 / 刘润著.

2版. -- 北京：机械工业出版社，2025. 5（2025. 11重印）.

ISBN 978-7-111-78277-3

Ⅰ. B848. 4-49

中国国家版本馆 CIP 数据核字第 2025XD5443 号

机械工业出版社（北京市百万庄大街 22 号　邮政编码 100037）

策划编辑：华　蕾　　　　　　　　责任编辑：华　蕾　王　芹

责任校对：张勤思　王小童　景　飞　责任印制：单爱军

中煤（北京）印务有限公司印刷

2025 年 11 月第 2 版第 3 次印刷

147mm×210mm · 11.375 印张 · 3 插页 · 205 千字

标准书号：ISBN 978-7-111-78277-3

定价：79.00 元

电话服务　　　　　　　　　　　网络服务

客服电话：010-88361066　机 工 官 网：www.cmpbook.com

　　　　　010-88379833　机 工 官 博：weibo.com/cmp1952

　　　　　010-68326294　金 书 网：www.golden-book.com

封底无防伪标均为盗版　机工教育服务网：www.cmpedu.com

《底层逻辑》第 1 版在 2021 年出版时，我未曾想到它会如此受欢迎。

时至今日，这本书已经累计销售超过 150 万册，并陆续推出了繁体中文版、韩文版、泰文版、越南文版等多个版本。我深深感到：尽管我们所处的环境千差万别，但对"底层逻辑"的追寻却是相通的——我们都希望在这个充满不确定性的时代，找到那些不变的本质，从而在纷繁复杂的世界中找到自己的立足点，更从容地面对生活、应对挑战。

我也很欣慰，这本书所分享的底层逻辑已成为许多读者认识世界、思考人生、解决问题的基本框架。每当收到读者分享的他们运用底层逻辑改变工作或生活的故事，我都特别高兴。

同时，我又有一丝忐忑：在这短短几年里，世界经历了翻天覆地的变化，书中的内容是否依然能帮助读者应对新的挑战？再版的想法由此而生。

回想《底层逻辑》第 1 版出版时，全球刚刚经历了新冠疫情的冲击，各行各业被迫重新思考自己的适应方式。而今天，变革的浪潮不仅没有退去，反而愈加汹涌：人工智能迎来革命性突破，全球政治、经济格局正在重构，商业模式加速迭代，社会思潮持续演变……面对这样一个瞬息万变的时代，我们比任何时候都更需要回归底层逻辑。因为只有抓住"不变"，才能理解"万变"；只有洞察本质，才能在喧嚣中保持清醒。

《底层逻辑》第 1 版尝试从是非对错、思考问题、个体进化、理解他人和社会协作五个维度，揭示世界运行的底层逻辑。这次再版，我没有对核心内容进行大的调整，因为底层逻辑本身追求的就是长期不变的规律，揭示的是经得起时间考验的根本法则。

不过，在保持主体框架不变的基础上，结合近年来的观察和思考，我新增了一些内容：

- 探讨世界观、人生观和价值观如何决定人生选择、影响人际关系。
- 分享沟通心法，说明在不同场景下应如何采取相应的沟通策略。

- 介绍心力管理，帮助读者了解如何通过多巴胺（目标激励）、内啡肽（运动）、血清素（感恩）、催产素（亲密感）来补充心力。
- 尝试给出我对文明的理解，即将文明视为超越个体的生命形态。

希望这些新增内容能够帮助读者更透彻地理解这个时代，既不被变化裹挟，也不被经验束缚，看清本质，适应变化，把握机遇，从容前行。

世界在变，但人性深处的渴望不变，商业的基本法则不变，思考的根本方法不变，这本书的初心也不变。我希望能继续帮你找到不变的底层逻辑，并以此为基础，构建属于你自己的认知体系与方法论。

最后，我要感谢所有读者，是你们的认真阅读和真诚反馈，赋予了这本书更长久的生命力。同时也要感谢出版社的伙伴们，是你们的专业和努力，让这本书得以跨越语言和地域的界限，影响更多人。

愿《底层逻辑》第 2 版继续与你同行，在这个充满变化的时代，帮助你锚定那些永恒不变的基石。

2025 年 5 月 19 日

如何用底层逻辑看清世界的底牌

2016 年 9 月 25 日，那天我依旧在出差。

本该好好休息的差旅夜，我、罗老师（罗振宇）、脱不花都没有困意，因为午夜十二点我的课程"5 分钟商学院·基础篇"正式上线。

这是我在得到 App 上的第一门课程，上线过程一波三折。

原本预定在 10 月上线的课程，突然接到通知，须提早上线。当时这门课程我才录了两三节，没什么库存就上线了。

课程上线后，又出现了播放问题——因为音频压缩导致有金属音。我马上拿出随身携带的录音笔，重新录了一遍，更换了音频，折腾到深夜一两点才最终完成。

第二天，也就是 9 月 26 日，我万万没有想到，已经有 7 000 多人订阅"5 分钟商学院"。

我非常高兴，但也诚惶诚恐。自此，我终于开启了一个承诺，一个要花一整年交付的承诺。

2016 年，是非常辛苦的一年。我有半年多的时间都在出差，其余时间每天都要花 14 小时来做"5 分钟商学院"。

但是，一切都有了回报。一年后，这门课程已经有 14 万学员。

五年后，这门课程已经有 46 万人加入。

这也就意味着，有 32 万学员是在课程更新正式结束之后加入的，这更令我高兴。

因为我不希望这只是一件做一年就结束的事情。我希望做一件能够长期延续下去的事情，于是，在这门课程中，我讲述了一些商业的底层逻辑，因为只有底层逻辑才有持久的生命力。在面临变化的时候，底层逻辑能够应用到新的变化里面，从而产生新的方法论。

什么是"底层逻辑"？

2012 年，中国互联网蓬勃发展。CCTV 中国年度经济人物颁奖晚会上，马云和王健林就"电商能否取代传统的店铺经营"设了一个"亿元赌约"——如果 10 年之后，电商在中国零售市场所占的份额超过 50%，王健林就给马云 1 亿元，如果没超过 50%，马云就给王健林 1 亿元。

后来，这个"赌约"并没有明确的赢家，因为它已经引发了两种经济模式的融合。但是，回看多年前的这个"赌约"，我们不得不深思：为什么这两个人对各自所代表的线上经济和线下经济的看法会有如此大的分歧？

一方打败另一方，是因为二者之间有天大的不同吗？不是的。

是因为相同的地方更多，一方才有机会"干掉"另一方。

以万达为代表的线下经济和以阿里巴巴为代表的线上经济，在底层逻辑上没有本质的区别，二者都是流量、转化率、客单价和复购率四部分的不同组合。可能一方的做法与另一方不一样，但是双方服务的客户、提供的价值是一样的。就好比一个做鞋子的干不掉一个卖水果的，因为他们之间没有太多相同之处。

两个人发生争执的时候，一定是因为他们之间有更多的相同之处，而非不同之处。完全不同的两个人是吵不起来的。

而事物之间的共同点，就是底层逻辑。

只有不同之中的相同之处、变化背后不变的东西，才是底层逻辑。

只有底层逻辑，才有持久的生命力。

只有底层逻辑，在我们面临环境变化时，才能被应用到新的变化中，从而产生适应新环境的方法论。

所以我们说：

底层逻辑 + 环境变量 = 方法论

如果只教给你各行各业的"干货"（方法论），那只是"授人以鱼"，一旦环境出现任何变化，"干货"就不再适用。

但如果教给你的是底层逻辑，那就是"授人以渔"，你可以通过不变的底层逻辑，推演出顺应时势的方法论。

所以，只有掌握了底层逻辑，只有探寻到万变之中的不变，才能动态地、持续地看清事物的本质。

在这本书中，我把在"5分钟商学院"中讲述的有关底层逻辑的内容进行了总结，与你分享是非对错、思考问题、个体进化、理解他人、社会协作五个方面的底层逻辑，带你看清世界的底牌。

"底层逻辑"来源于不同之中的相同，变化背后的不变。

"底层逻辑"并不局限于商业世界。希望你在看到千变万化的世界后，依然能心态平静、不焦虑，能够通过"底层逻辑 + 环境变量"不断创造新的方法论，看清世界的底牌，始终如鱼得水。

2021 年 8 月 1 日

目录 ◀ CONTENTS

再版序

初版序

第1章 是非对错的底层逻辑   1

一个人心中，应该有三种"对错观"   2

人性、道德和法律   7

公理体系 vs 逻辑推演   11

始于五官，忠于三观   22

第2章 思考问题的底层逻辑   27

事实、观点、立场和信仰   28

如何防止"注射式洗脑"   32

如何赢得一场辩论   39

普通和优秀的差距，在于解决问题的方式不同   44

如何快速洞察本质   50

流程、制度与系统   64

逻辑思维与逻辑闭环   71

复利思维   86

概率思维   95

数学思维   105

系统思维   123

第 3 章 个体进化的底层逻辑   129

人生商业模式 = 能力 × 效率 × 杠杆   130

把工作当成玩   145

如何做好时间管理   152

正态分布、幂律分布和指数级增长   162

人脉的本质是给予价值、平等交换   170

知识、技能与态度   178

心态高过云端，姿态埋入地底   183

人人都应该是自己的 CEO   186

艺术家为人类带来自由   193

第 4 章 理解他人的底层逻辑   195

理解 What、Why、How，才能知行合一   196

9 种沟通心法，让你的沟通更有效   205

幽默，是溢出的智慧   223

所谓洞察本质，就是会打比方 230

边界感的本质，是对所有权的认知 239

给心力电池充电的 4 种方法 246

第 5 章　社会协作的底层逻辑 255

世界三大法则：自然法则、族群法则、普遍法则 256

找到并利用自己的战略势能 262

产品价格到底应该由什么决定 269

利润，来自没有竞争 276

没有 KPI，也能管好公司 283

让优秀员工成为事业合伙人 292

勤劳能创造财富，但勤劳者能分到财富吗 302

一切的分钱方式，无外乎优先和劣后 313

信用，是一个人最大的资产 323

公平、公正与公开 331

效率与公平 337

后记　文明，是更高级的生命 345

第 1 章

是非对错的底层逻辑

一个人心中，应该有三种"对错观"

一名悍匪经过周密的计划，绑架了首富的儿子。最终，首富以数亿元赎回了儿子。整个过程惊心动魄、跌宕起伏，不输一部警匪大片。其中，首富和绑匪的一段对话却令人深思。

绑匪问首富："你为什么这么冷静？"

首富回答："因为这次是我错了。我们在当地知名度这么高，却一点儿防备都没有。比如我去打球，早上5点多自己开车出门，在路上，几辆车就可以把我围住，而我竟然一点防备都没有，我要仔细检讨一下。"

什么？首富说自己错了！为什么？明明是绑匪违反了法律，绑架了他的儿子。

从法律上来说，肯定是绑匪错了，所以绑匪要为他的行为接受法律的制裁。但我们站在首富的角度看，也许这种事情是可以通过加强安保等措施避免的，他却因为没有做而导致儿子被绑架，最终花了数亿元赎回儿子。还好最终破财消灾了，如果被撕票，那损失就更大了。到那时，就算用法律手段制裁了绑匪，又有什么用？损失已经发生，且无法挽回。所以，首富这时说自己错了，是他真觉得自己错了，不是客套。

首富的这种处事方法，在心理学领域，可由一个重要概念来解释，叫"课题分离"。课题分离理论由奥地利心理学家阿尔弗雷德·阿德勒提出，原意指要解决人际关系的烦恼，就要区分什么是你的课题，什么是我的课题。绑架索要赎金，是绑匪的课题，而因绑架遭受损失，是首富的课题。

比如，有人在地铁里踩了我一脚，谁的错？我的错。

明明是他踩了我，为什么是我的错呢？难道我不应该要求他道歉吗？我可以要求他道歉，但是，道歉有什么用？而且，我要求他道歉，不需要花时间吗？他耍无赖和我吵起来，不是更需要花时间吗？我的时间难道没地方花了吗？对方还可能反咬一口："你怎么把脚乱放啊？！"

那怎么办？我要说"我的错，我的错"，然后心平气和地走到旁边。这是因为我的时间比他的值钱，浪费同样的时间，我的损失更大——"谁的损失大，就是谁的错"。

一个人心中，应该有三种"对错观"：①法学家的对错观；②经济学家的对错观；③商人的对错观（见图 1-1）。

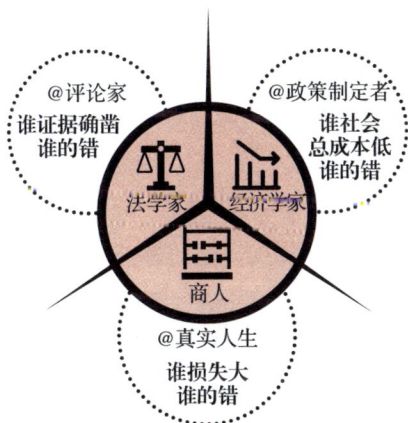

图 1-1　一个人心中应该有三种"对错观"

举个例子：坏人 A 诱骗好人 B 进入 C 的没有锁门的工地，B 失足摔死了。请问，这是谁的错？

法学家的对错观

对于上述情况，法学家可能会说："这当然是 A 的错，这就是蓄意谋杀，还有什么好讨论的！"

是的，如果证据确凿，在法学家眼中，这就是 A 的错。但是，这种"大快人心"的对错观，不一定能避免类似案件再度发生——法学家做不到的事情，经济学家也许能做到。

经济学家的对错观

对于上述情况，经济学家可能有不同看法：是 C 的错。

也许有人会说："啊？为什么啊？ C 也太冤了吧？"

经济学家是这样考虑的：整个社会为避免 B 被 A 诱骗进入 C 的工地所要付出的成本，比 C 把工地的门锁上的成本高得多，虽然惩罚 C 会让其觉得冤，但是以后所有工地的拥有者都会因此把门锁上，于是这样的事情会大量减少。

经济学家是从"社会总成本"的角度来判断一件事的对错在谁。虽然有时这样的判断看上去不合理，但会比从"纯粹的道义"角度更有"效果"。

商人的对错观

对于上述情况，商人可能这样想：不管是 A 的错还是 C 的错，B 都死了；不管让谁承担责任，B 都无法起死回生——从个体利益最大化的角度看，B 只能怪自己。

也许在生命的最后一刻，B 会想：这是我的错，我不该蠢到被 A 诱骗至此。

再看一个例子。一个人正走在人行横道上，一辆卡车冲他疾驰而来，所有人都大声呼喊，叫他让开，他却淡定地说："他不能撞我。他撞我是违反交通法规的，他负全责。我就不让开。"最后，这个行人被卡车撞死了。

这是谁的错，卡车司机的错？当然。但是，这样的判断无法救回行人的命。

那时行人应该这样想：不让开，就是我错，因为不让开我就会死。

对于第一个例子，法学家认为 A 错，经济学家认为 C 错，商人认为 B 错，这就是三种"对错观"。

如果你是评论家，可以选择法学家的立场；如果你是政策制定者，可以选择经济学家的立场；如果将要失足摔死的就是你自己，我建议你选择商人的立场——"我的错，都是我的错"，因为"我的损失最大"。

总之，谁的损失大，就是谁的错。

小提示 判断损失发生后应该怪谁，就看谁因此损失大。

一件事情出现不好的结果时，责怪、埋怨、后悔都是无用的，它们改变不了结果。

如果自己有所损失，只能怪自己，也只有自己才能改变事情最终的结果——靠自己，自强者万强。

人性、道德和法律

刘晗老师在得到 App 上的课程《刘晗·法律思维 30 讲》中有以下这样一段表述。

电影《烈日灼心》中，段奕宏扮演的警察说过这么一段话：

"法律特别可爱。它不管你能好到哪儿，就限制你不能恶到没边儿。它清楚每个人心里都有那么点脏事儿，想想可以，但做出来不行。法律更像人性的低保，是一种强制性的修养。它就踏踏实实地告诉你，至少应该是什么样儿。"

我第一次听到这段话的时候，就感到很震撼，觉得这个警察说出了法律和人性的根本关系。

但我还想补充一点，法律里不是没有规定上限，那些"人人平等"的宣誓性条款都是全人类的共同期待，只是法律不会给这样的表述附加法律责任，变成强制性的义务。这就像，你不能强迫人人都做好人，否则就要砍头，那样的话，法律就会显得过于严苛。

所以，在更多具体的规则当中，法律人克制了对上限的追求，更多地关注下限，避免本应维护社会秩序的法律，成为社会的灾难。只有这样，人们才能在保证下限的基础上，努力地追求上限的目标。

我非常认同他的这段表述，接下来，我们谈一谈人性、道德和法律（见图 1-2）。

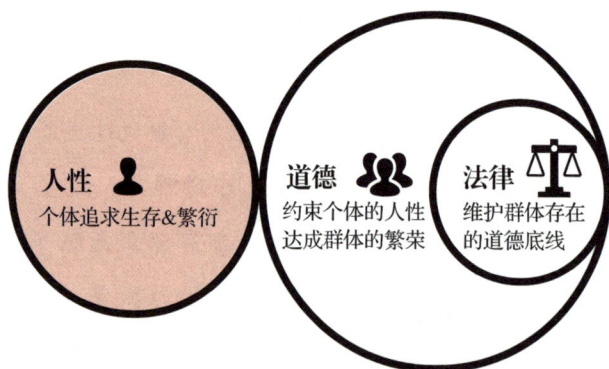

图 1-2　人性、道德和法律

人性

人性，到底是什么？人性只涉及两点：生存和繁衍。这两点无善无恶。

母性是人性吗？是的。母亲牺牲自己保护孩子，是为了繁衍。

爱美是人性吗？是的。有的人爱美也是为了获得繁衍的机会。

炫富是人性吗？是的。有的男性炫富，和孔雀开屏一样，也是为了争取异性，最终获得繁衍的机会。

感恩是人性吗？宽容是人性吗？不是，这些是道德。

道德

道德和人性是什么关系？

人是一种群居动物，个体的生存、繁衍与群体的繁荣、衰退有着互为因果的复杂关系。如果每个人只追求自己的生存，最简单的方式就是"不劳而获"，抢夺同类的食物，甚至不惜杀死同类。那么群体的规模会逐渐变小，小群体中的个体也会因无法对抗外敌而死掉。经过多年的进化，人类的社会属性部分渐渐形成了一套"约定俗成"的规范。这套规范，就叫作"道德"。

感恩是道德。感恩的本质是"预付费制的交换"："你先帮我，我必将帮你"。这将润滑群体的协作关系。

宽容是道德。宽容的本质是"允许犯错的协作体系"：以协作为目的带来的意外伤害，可以被原谅。这将鼓励群体拥有协作的勇气。

人性，是个体追求生存、繁衍的本能。可是，不受约束的个体的人性，一定会使个体彼此伤害。道德，就是用来约束个体的人性的，在此基础上，可以实现群体的繁荣。个体之所以愿意接受道德的约束，是因为群体的繁荣最终会让个体受益。

道德不是人性的内在要求，甚至在大部分情况下，道德是反人性的。正因为道德常常是反人性的，所以才需要大量的引导和约束。

引导，采用的是宣传、舆论等有长效但见效慢的方法，比如通过文化、价值观等引导。

约束，采用的是惩罚、驱逐等"激烈"但立竿见影的方法，比如通过社会结构、利益结构、法律等约束。

法律

每个时代的人都会给道德中的社会规范"画一条最低的线"——底线，这条底线就是法律。法律是道德的子集，是一旦触犯必然受到惩罚的道德。

比如，一个母亲杀死了自己的孩子，我们会说她没有"人性"，但不会说她不"道德"，因为繁衍属于人性。

一个人插队，我们会说他"不道德"，但不会说他"没有人性"，因为"保护群体利益"属于道德。

一个人因口角之争而杀了另一个人，我们会说杀人者"触犯法律"，应当受到惩罚。他们双方对彼此的谩骂属于对社会影响不大的"不道德"，但是，杀人者的举动及其造成的后果是会极大地影响群体繁荣的"不道德"。

小提示 人性，来自"自私"的基因。

道德，是大家为了群体的繁荣，最终促进个体的生存、繁衍，而共同达成的"社会契约"。道德，常常是反人性的。

法律，是道德的子集，是维护群体存在的道德底线。

公理体系 vs 逻辑推演

我本科是学数学的，在数学这个有公理体系的世界里，大师们几乎从不吵架。为什么？是因为他们醉心研究、不问俗事，所以脾气好吗？当然不是。是因为他们懒得吵架，他们只"打架"，甚至"决斗"。

数学，是武行——你提出了一个新观点？请证明给我看。你能证明，我甘拜下风；你不能证明，你就输了。有什么好吵的？！打一架多干脆。吵架是人文学科才用的"研究方法"。

在有公理体系的世界里，只有能证明的和不能证明的。大师与大师的差异，是智商的差异，不是口才的差异。

但是，大部分学科领域是没有公理体系的，比如经济学。

这并不是说，这些领域的研究者智商不如数学家，而是说在这些领域，仅仅靠智商是没用的。因为没有公理体系，只靠逻辑演绎，想要得出不容置疑的结论是不可能的。所以，这些领域的研究者更值得敬佩。

他们遇到的挑战，远不如数学挑战那么单纯。他们不断地提出新的观点和模型，但是只要举出支持的例子，就总有人举出反对的例子。紧接着，就开始吵架了，都说对方的例子是特例。

中国人用四个字来形容这种"研究方法"：文人相轻。数学家们说，我们才不相轻，我们相杀。不服就干，生死看淡，谁怕谁！这两种"研究方法"的差别，又可以用八个字来形容：文无第一，武无第二。

《了不起的盖茨比》的作者菲茨杰拉德说，我来做个和事佬吧。他把"文无第一"这四个字，翻译成了一句英文："The test of a first-rate intelligence is the ability to hold two opposed ideas in the mind at the same time, and still retain the ability to function."

再翻译回中文，就是："同时持有全然相反的两种观念，还能正常行事，是拥有一流智慧的标志。"用通俗的话说就是："别吵了。你们都对，你们都对。"

但是，这种"你们都对"，就给学习经济学带来了很大的麻烦——你们都对，那我学谁的"更对"呢？

我有三个建议。

学李白，也要学杜甫

如果有人告诉你，他最近在学经济学，你一定要问他："你在学习什么经济学？"如果有人对你说，经济学上有什么样的观点，你一定要问他："谁的经济学这么认为？"

这时，只要他稍微一愣，就说明他其实还不懂经济学。

请回答一个问题：下面几位经济学家，你觉得跟谁学习，能学到"更对"的经济学？

（1）亚当·斯密（你知道的，经济学之父）

（2）阿尔弗雷德·马歇尔（供需理论的提出者，微观经

济学的奠基者）

（3）约翰·凯恩斯（你不会没听过凯恩斯主义吧？）

（4）罗纳德·科斯（经济学中最常用的词之一"交易成本"的提出者）

（5）弗里德里希·哈耶克（奥地利学派的关键人物）

很多人会说："当然学习亚当·斯密啊！他是经济学之父啊。""看不见的手"、分工理论……他的贡献人们耳熟能详。

但是，别急。

亚当·斯密创立的经济学，在今天被起了一个名字，叫作"古典经济学"，然后被放在了书架的最高层。但是，亚当·斯密提出的"劳动价值论"，却不被他的一部分徒子徒孙认可。

谁呢？就是以阿尔弗雷德·马歇尔为代表的"新古典学派"。

马歇尔提出，价值不是由劳动创造的，而是由用户的需求决定的。不管钻石是捡来的，还是人类制造出来的，价值都是一样的。而且，一个人的需求是会变的。比如，当你饿的时候，吃的第一个馒头的价值比第二个的大，第二个馒头的价值又比第三个的大。

当然，大卫·李嘉图并不同意马歇尔的观点，他继承了亚当·斯密的衣钵。

马歇尔更大的贡献，是提出了供需理论：供需关系决定价格。这个理论让科斯叹了口气：当你说供需关系决定价格时，就预设了一个条件——"当所有其他要素不变时"。其他所有要素都不变，这可能吗？你们这些"黑板上的经济学"！

一些经济学家立刻嘲笑科斯：你的"交易成本"才是被滥用得最多的吧？你说谁的损失大谁负责，因为这样交易成本低，社会福利高。那法院在判案的时候，是不是要调研一下商品的市场价，看看谁的损失大呢？如果市场价格波动频繁的话，会不会刚宣判就要翻案呢？

凯恩斯站出来说：你们"新古典"这些人别嘚瑟，自由市场的逻辑就是有问题的，会导致经济危机，需要国家干预。

新古典经济学家说：不对，你说的是短期，我们说的是长期。

凯恩斯说：长期？那时我们都死了。

哈耶克站出来说：凯恩斯，你才是错的。经济周期是必然的，我可以证明给你看。

某些新古典经济学家呵呵一笑：奥地利学派，民间经济学家的最爱。在我们主流经济学派面前，你就闭嘴吧。

好，现在再来回答这个问题：你在学习什么经济学？

你一定蒙了。这个世界上，并不是只有一套经济学。

薛兆丰老师在他的课程《薛兆丰的经济学课》里有一讲，叫作《聪明人为什么会彼此不同意》，就专门讲了这个问题。薛老师用一张表（见表1-1），来说明不同学派对宏观经济学问题的看法。

表 1-1　不同学派对宏观经济学问题的看法

学派	震动来源	预期	价格调整	市场调整	均衡观	影响时长	规则/相机抉择	收入政策
正统凯恩斯主义	消费需求独立波动	自适应的	相对僵化	能力弱	无法达到充分就业	短期	相机抉择	局部赞成
正统货币主义学派	货币供给的干扰	自适应的	灵活的	能力强	总能达到自然失业率	有时短期，有时长期	规则	无关且骚扰会扭曲复苏进程
新古典学派	货币供给的干扰	理性的	极端灵活的	非常强	总能达到自然失业率	长期与短期无区别	规则	同上
真实经济周期学派	来自供应方（技术层面）的冲击	理性的	极端灵活的	非常强	总能达到动态的自然失业率	长期与短期无区别	规则	同上
新凯恩斯主义学派	在供给和需求之间折中	理性的	强调价格刚性（如菜单成本）	缓慢	存在非自愿失业	总体而言是短期的	众说纷纭	总体而言首肯否定态度
奥地利学派	货币供给的干扰	理性的	灵活的	能力强	趋于均衡	有时短期，有时长期	规则	有害且会扭曲复苏进程
后凯恩斯主义学派	消费需求独立波动	理性的	黏性	非常弱	无法达到充分就业	短期	相机抉择	必需且是有益的

我不是在说一门经济学，而是在说很多套经济学。

学习经济学，一定要兼听。学李白，也要学杜甫。

给每个模型找个反例

查理·芒格在《穷查理宝典》里说过这样一句话："如果我不能比这个世界上最聪明的人更能反驳这个观点，我就不配拥有这个观点。"

很多人不理解这句话：为什么我要反驳自己的观点？如果我成功地反驳了自己的观点，就证明这个观点不对，那我为什么还要拥有这个观点呢？

那是因为，在经济学世界，没有一个观点具有普适的解释力。所有的观点，理论上都可以被驳倒，或者至少能举出反例。

经济学不是基于公理体系的学科。没有一个模型，能解释所有的经济现象。如果有，一定是因为提出这个模型的时候，一些新的经济现象还没有发生，或者提出者没有注意到。

比如，亚当·斯密认为：通过市场这只"看不见的手"的调节，个体追求私利的行为反而会促进集体利益最大化。举个例子，早餐店卖油条，是因为怕你饿着吗？不是，他们是怕自己饿着。因为卖油条给你，可以赚到钱，让他们填饱肚子，所以他们才会卖油条。但是，这个看上去自私的行为，客观上却帮助你省了做早饭的时间，让你把精力花在更重要的事情上，可以赚到更多的"油条"，整个社会的财富因此增加了。这就是著名的"为己利他"的假设。

但是，这真的是对的吗？

著名数学家艾伯特·塔克举了一个反例，就是著名的"囚徒困境"。

两名囚徒 A 和 B 被隔离审讯。如果两人相互背叛，都坦白罪行，就会都被判 8 年；如果一人坦白，一人不坦白，则坦白的人直接被释放，不坦白的人被重判 15 年。如果两人合作，都不坦白呢？会因为证据不足，都只被判 1 年（见表 1-2）。

表 1-2　囚徒困境

囚徒困境		A	
		合作（不坦白）	背叛（坦白）
B	合作（不坦白）	A：判 1 年 B：判 1 年	A：判 0 年 B：判 15 年
	背叛（坦白）	A：判 15 年 B：判 0 年	A：判 8 年 B：判 8 年

囚徒应该怎么做？

显然，"都不坦白"是最优策略，两人都判得最轻。

但是，"都不坦白"经不起考验：如果一名囚徒单方选择背叛，将立即获释，诱惑太大。而且就算一方守口如瓶，万一另一方背叛了呢？守口如瓶的一方反而会被重判 15 年，风险太高。"都不坦白"，太考验人性。

"都坦白"呢？两人都获刑 8 年。这时，如果一名囚徒单方决定守口如瓶，他的 8 年刑期将立刻变为 15 年，而另一名囚徒则会被释放。这对自己一点好处都没有，因此如果两名囚徒都是理性的，他们就不会这么做。

"都坦白"，才是理性的选择。但这样一来，个体追求私利的行为，并没有促进集体利益最大化。

其实，亚当·斯密的"为己利他"假设，还有很多反例，比如公地悲剧、1 美元拍卖，等等。

你能说亚当·斯密错了吗？亚当·斯密的假设，在很多情况下依然是正确的。但是，你必须知道，它至少是有反例的。为己，并不都能利他。

这时，我要送给你罗曼·罗兰的一句话了："这个世界上，只有一种真正的英雄主义，那就是认清了生活的真相后还依然热爱它。"

验证自己是否真的理解一个经济学观点，不仅要看你是否认同能证明它的例子，更要看你是否理解能推翻它的例子。

每个理论都有前提

网上有一句话很流行：价格决定成本，而不是成本决定价格。

这句话，我有时候也会说。举个例子，一支钢笔在我心里值 100 元，但卖钢笔的人说："它的成本是 180 元，200

元卖给你，不贵。"我只好说："谢谢你的匠心，但在我心里这支钢笔就值 100 元，再贵我就不要了。"于是，卖钢笔的人只好回去降低成本到 90 元，再 100 元卖给我。这就是：价格决定成本，而不是成本决定价格。

但这句话有一个前提，就是"当所有其他要素不变时"。很多人都把这个前提扔掉了。

这里的"其他要素"是什么？可能是科技，也可能是政策，等等。

当科技进步了，或者工艺进步了，一切就发生了改变。比如，如果福特发明了钢笔生产线，能够像制造汽车一样制造钢笔，使钢笔的生产成本大大降低，从 90 元降到了 50 元，销售钢笔的利润就从 10 元涨到了 50 元，钢笔行业一下子变成暴利行业。这时，大量企业家就会疯狂地进入这一行业，分享暴利。新进入的企业家如何才能获得竞争优势？只有降低价格。于是，钢笔价格就会从 100 元降到 90 元、80 元、70 元，甚至 60 元。就这样，钢笔的利润又回到了均衡状态下的 10 元，但是价格却从 100 元降到了 60 元。成本降低，决定了价格降低。

事实上，从第一次工业革命开始，整个世界的东西都变得越来越便宜了。这都源于工业革命带来的成本降低。

那么，"价格决定成本，而不是成本决定价格"这句话错了吗？

这句话没错。但它表述的，只是单一市场里生产者和消费者之间的博弈，忽视了不同市场之间、生产者和生产者之间的竞争。很多人忘了，这句话的成立是有前提条件的。

薛兆丰老师在讲课时曾说过，科斯定律最流行的版本是：在交易成本为零或足够低的情况下，不管最初资源的主人是谁，资源都会流到价值最高的用途上去。简单来说，就是"谁用得好就归谁"。从这个角度来说，钱也是一种资源，谁能把钱用好，钱就会归谁。很多人听到这句话马上就兴奋了，他们自动在脑海中划去了科斯定律中"交易成本为零或足够低时"这个前提。

薛兆丰老师的课程接着介绍了，科斯晚年的时候，曾经专门写文章解释这个不断被提到的问题：在真实世界中，交易成本不可能为零，而且可能很高。

因此，薛兆丰老师总会提醒大家，后面的推论未必会发生。可惜的是，大家只记住了推论，而忘掉了前提。

记住每个理论的前提，是学习经济学的基本素养。

小提示 如何学好经济学？

一是学李白，也要学杜甫；二是给每个模型找个反例；三是记住每个理论都有前提。只有这样，你学的才不是"黑板上的经济学"，而是既能抽象于真实世界，也能还原于真实世界的"有用的经济学"。

经济学家的工作，比数学家的复杂太多。只有这样学习经济学，你才不辜负他们卓越的努力。

其实，何止是经济学。所有不是基于公理体系的学科，都是一样的。

所以，在学习经济学之前，我希望你能先记住三句名人名言。

第一句是菲茨杰拉德说的："同时持有全然相反的两种观念，还能正常行事，是拥有一流智慧的标志。"这样，你才会懂得，学李白，也要学杜甫。

第二句是罗曼·罗兰说的："这个世界上，只有一种真正的英雄主义，那就是认清了生活的真相后还依然热爱它。"这样，你才有勇气给每个模型找个反例，然后继续用这个模型。

第三句是查理·芒格说的："如果我不能比这个世界上最聪明的人更能反驳这个观点，我就不配拥有这个观点。"这样，你才能时刻提醒自己，每个理论都有前提。

始于五官，忠于三观

有同学问我：选伴侣的时候，经常有人说"谈不来，跟这个人三观不合"，那么，到底什么是"三观不合"？

这是个好问题。的确，很多人因为五官的吸引而走到了一起，却因为三观不合而分手。五官虽然有美丑之分，但看着看着，渐渐就习惯了。可是，若是三观不合，在一起的时间越长，越不能忍。

我们先从"什么是'三观'"开始说起。

三观就是世界观、人生观和价值观

所谓"三观"，就是世界观、人生观和价值观。换句话说，就是你的认知、目的和判断。

这听上去有些抽象，我们用逛商场来打个比方。

你去逛一家商场时，通常会想到三个问题：

（1）"这家商场是什么样的？"——这是你的认知，即世界观。

（2）"我来这家商场要干什么？"——这是你的目的，即人生观。

（3）"我应该买什么，不买什么？"——这是你的判断，即价值观。

我们来这个世界走了一遭，就像逛了一家大"商场"。

每个人都有自己的选择，有人是为了带走点什么，有人是为了留下点什么，还有人就是为了大闹一场。不同的选择，源于不同的三观。

小明和小华一起去逛商场，小明说："这家商场真高级，东西肯定贵。"小华说："这家商场竞争激烈，经常打折。"同一家商场，他们的视角和理解完全不同，这是因为世界观不同。

世界观就是你对这个世界的基本认知：

- 这是个充满机会的世界，还是个充满威胁的世界？
- 这是个靠实力的世界，还是个靠关系的世界？
- 这是个公平的世界，还是个不公平的世界？

老张和老李都是公司高管。老张说："我工作是为了赚钱养家。"老李说："我工作是为了实现自我价值。"同样是工作，他们的态度完全不同，这是因为人生观不同。

人生观就是你人生的基本目的：

- 人活着是为了什么？
- 什么样的人生算成功？
- 应该怎样度过这一生？

小王和小李的月薪都是 1 万元，小王每月买基金理财，小李每月买名牌包包。同样的收入，他们的选择完全不同，这是因为价值观不同。

价值观就是你的判断标准：

- 什么是对的，什么是错的？
- 什么是重要的，什么是不重要的？
- 什么是应该做的，什么是不应该做的？

这就是世界观、人生观和价值观。

三观不同，人生截然不同

三观不同，人生截然不同。

举个例子，在面对同样的商业机会时，甲的三观是：

世界观：机会稍纵即逝。

人生观：要抓住机会实现梦想。

价值观：只要不违法，就应该尝试。

而乙的三观则是：

世界观：机会与风险并存。

人生观：稳定、安全最重要。

价值观：宁可错过，不能犯错。

三观不同，导致两个人的人生完全不同。

这个世界上有无数种三观的组合，于是就有了无数种不同的人生。很多人都认为自己的三观是对的，而别人的三观是错的，彼此之间吵得不可开交。这也是互联网世界骂战不停，甚至乌烟瘴气的重要原因。

同样，和三观不合的人在一起，分手几乎是必然的结局。就算不分手，也终将不幸福。这就是为什么说"始于五官，忠于三观"。

那有没有"最好的"三观呢？没有。这个问题就像问"什么是好性格？"一样，没有标准答案。

小提示

三观就像一个操作系统，决定着你怎么理解这个世界，怎么规划人生，怎么做出选择。

每个人都可以有自己的三观，但有一点是确定的，那就是：任何人的三观都不应该包含干涉别人三观的自由。就像康德所说：一个人的自由是以另外一个人的自由为边界的。

请尊重别人的三观，这至关重要。干涉别人的三观，是一切矛盾的起点。

可是，当我们确实不认同别人的三观时，该怎么办呢？

那就敬而远之。

然后，和那些与你三观一致的人待在一起。

第 2 章

思考问题的底层逻辑

事实、观点、立场和信仰

我们常说，一个人的表述大概可以分为两种：事实和观点。事实有真假，观点无对错。

但是细究起来，还可以再细分，至少可以分为四种：事实（Fact）、观点（Opinion）、立场（Stand）和信仰（Belief）（见图 2-1）。

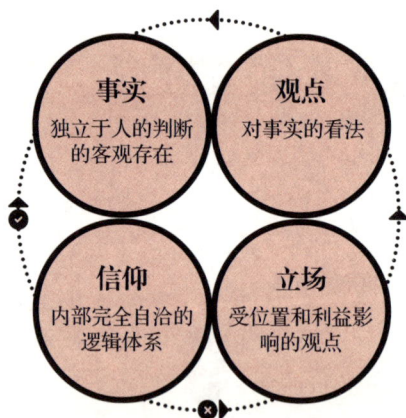

图 2-1　事实、观点、立场、信仰

事实

举个例子，"今天很热"是不是事实？这不是事实。"今天 30 摄氏度"才是事实。热，是你的观点。

事实，是独立于人的判断的客观存在。现实世界有时复杂到你无法判断事实。比如，一个竖立的圆柱体，你从上面看，看到的是一个圆形，你从侧面看，看到的是一个长方形或正方形。再比如，你看一座山，会觉得"横看成岭侧成峰"。鱼在鱼缸里看到的事实是这个世界是球面的，但你看到的事实却不是这样的。

总体来说，事实是最不容易产生争议的客观存在。我们只能说，我们对事实的了解还不够全面。

观点

观点，是你对事实的看法。观点和你的关系，比它和事实的关系更加密切。

你觉得 30 摄氏度热，是因为你冷。你觉得 30 摄氏度冷，是因为你热。你的知识结构、你掌握的信息以及你的思维模式，决定了你的观点。

有人说，互联网世界为什么有那么多争论？这是因为人们掌握的信息不同，有着不同的思维模式。只是他们各自扎堆，交集很少，比如，信中医的和信中医的"玩"，不信中医的和不信中医的"玩"，所以这个世界相安无事。但是，互联网把这些人汇聚到一起，于是彼此视对方为异类，吵得不可开交，所有人都觉得自己代表的是"事实"。

立场

什么是立场？立场就是受位置和利益影响的观点。

有人问你热不热，你觉得挺热的。但如果你在物业公司工作，一旦你承认热，别人就会要求你给大厦开空调。于是，你一边冒着汗，一边说："我不热，我就是不热。"

在这种情况下，除非你能和问你的人有相同的位置和利益，否则，你们是不可能达成共识的。

在辩论场上，这叫"持方"观点。当你持有正方观点时，你能面红耳赤地说服对方，甚至说得自己都相信这个"持方"观点了。这时，主持人突然说"交换立场"。双方都会愣一下，但几秒钟后，持有反方观点的你还是能面红耳赤地去说服对方，甚至说得好像自己转而相信这个"持方"观点了。

这就是立场——"我们不争对错，只争输赢"。所以，不要和有立场的人争对错。这也是我们常说的"小孩子才谈对错，成年人只谈利益"。为什么？因为小孩子没有立场和利益。

信仰

信仰，是一套内部完全自洽的逻辑体系。

你信基督教，我信佛学，他信科学。信仰比立场更厉害。为什么？因为大家都觉得自己没有立场，都觉得自己信的是"对"的东西。

没错。信仰都是对的，因为你无法证明它是错的。这就是"逻辑自洽"。

一个有判断力的人要知道，这个世界上有大量逻辑自洽却互相矛盾的信仰。信仰内逻辑自洽，信仰间互相矛盾。

这时，你只有选择。一旦选择，就无法被击败。

每个人都有自己的信仰，不要攻击别人的信仰。因为，第一，你不可能获胜；第二，你会失去这个朋友。

小提示 当一个人持有的不是观点而是立场时，当一个人"屁股决定脑袋"时，你应该做的事情，是对他说"It's good for you"（这对你有益）。

反过来，我们也要时刻反省自己：我说的话、我的表述，是事实，是观点，是立场，还是信仰？

如何防止"注射式洗脑"

我常被问到一个问题："润总，我的产品是业内最好的，为什么消费者就是不买？"类似的问题还有"润总，为什么现在市场上优秀的员工那么少？"，或者"润总，为什么只有坑蒙拐骗的公司才能赚到钱，踏踏实实做生意就那么辛苦呢？"。

如果是你，你会如何回答这些问题？

回答说：

"你的营销策略有问题。"

"优秀员工少，是因为这一代年轻人是没有饥饿感的一代。"

"坑蒙拐骗虽然能赚钱，但是不道德。对得起自己的良心最重要。"

别急。先别急着回答。因为他们并不是真的想提问。这些问题背后，都藏着"注射器"。他们只是想把一个刚刚注射进自己大脑的观点，再注射进你的大脑。

"为什么"背后的注射器

"为什么"，是"黄金三问"（Why、What、How）里最有力量、最有可能触及灵魂的问题，但也是最危险的问题。

举个例子，如果我问你"为什么地球是圆形的"，你会怎么回答？

（1）因为万有引力，它让所有物质尽量保持最短距离。

（2）是为了让走散的人再相聚。

（3）因为经历的时间太长，被岁月磨平了棱角。

这三个答案，你会把票投给哪一个？你可能会投给（1），同时对（2）和（3）的幽默和智慧表示赞赏。但是，如果我这么问你："为什么地球是梯形的？"你会怎么回答？你的第一反应可能是："什么？你不是开玩笑吧？地球怎么可能是梯形的？这是脑筋急转弯吗？"

你看，第一个问题"为什么地球是圆形的？"，你的注意力在前半部分，在回答这个"为什么"上，而第二个问题"为什么地球是梯形的？"，你的注意力在后半部分，即在质疑"地球是梯形"这个观点上。

为什么？因为地球显然不是梯形的啊！

但是，在大多数情况下，"为什么"这三个字后面跟着的观点，就没那么"显然"了。

比如：

为什么胖的人相对比较懒？

为什么电子产品越来越便宜，衣服、鞋子却越来越贵？

为什么书上说的激励手段都没用？

为什么懂了那么多道理，还是过不好这一生？

为什么爱因斯坦晚年改信上帝了？

……

胖的人，真的都比较懒吗？

爱因斯坦，真的是到晚年改信上帝了吗？

其实你并不确定。

但是，"为什么"这三个字的强大之处，就在于会强行把你的注意力吸引到为这个观点找原因上。

当你开始为它找原因的时候，这个观点就已经悄悄地被注射进你的大脑了。

你会想："是啊，为什么呢？是因为胖子动起来太耗能量吗？……是因为爱因斯坦看到了科学的致命缺陷吗？"

你不会质疑："谁说胖子就比较懒的？谁说爱因斯坦信上帝的？"

"为什么＋观点"这个句式，就是一只"注射器"（见图 2-2）。

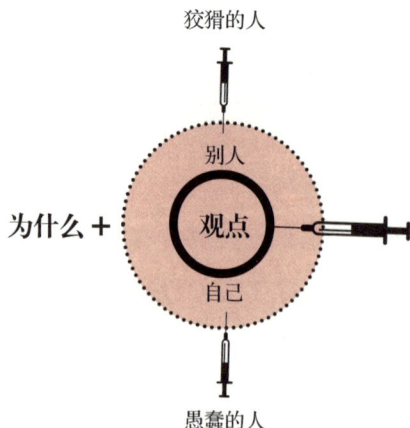

图 2-2 "注射式洗脑"

狡猾的人，用"为什么 + 观点"句式注射别人

对"为什么 + 观点"这个句式的非理性反应，是人的思维模式中的重大 Bug（漏洞）。这个 Bug，常常被狡猾的人利用。

在茶水间，王熙凤遇到了杜拉拉。

王熙凤对杜拉拉说："拉拉，为什么最近老板总是故意针对你啊？"

杜拉拉心里一沉，心想：我怎么没感觉到？天啊，我太醉心工作了吧。最近发生了什么？是老板要重用那个新人，开始做铺垫了吗？

虽然心里翻江倒海，但是杜拉拉只是淡淡地回应了一句："哪里，估计是最近业绩压力大吧。能理解。"

你看，她自然而然、不自觉地开始回答这个"为什么"。

"估计是业绩压力大吧"，她为这个"为什么"找到了一个答案，却完全不去质疑"老板总是故意针对我"这个观点是不是真的。

狡猾的王熙凤，只不过问了一个有陷阱的问题，就把"老板总是故意针对我"这个想法注射进了杜拉拉的大脑里。

你想把什么想法注射进别人的大脑中，把它放在"为什么"这三个字后面就可以了。

比如，"为什么爱因斯坦晚年改信上帝了？"你可能会

说："那是受家庭的影响吧？那是时代的局限性使然吧？也许爱因斯坦有别的考量吧？"

不管你怎么回答，"爱因斯坦晚年改信了上帝"，这个观点已经被注射到你的脑海中了。

但事实是，爱因斯坦并没有改信上帝。

把谣言放在"为什么"后面，是传播谣言的最佳方法。

"为什么吃韭菜可以治癌症？"

"为什么吸烟的人更不容易得新冠肺炎？"

大多数人听到后，都会好奇地问："是啊，为什么呢？"

当你这样问时，谣言已经被注射进你的大脑了。

当你追问朋友"你说，你说，到底是为什么呢？"时，你就开始传谣了。

愚蠢的人，用"为什么 + 观点"句式注射自己

狡猾的人，用"为什么 + 观点"句式注射别人。愚蠢的人，用"为什么 + 观点"句式注射自己。

回到最开始的问题——"润总，我的产品是业内最好的，为什么消费者就是不买？"

我们用"为什么 + 观点"句式来拆解一下这个问题，即"为什么 + 我的产品是业内最好的，但消费者就是不买"。

你会发现，提问者在问你"为什么"的时候，藏了一个他觉得不需要讨论的观点："我的产品是业内最好的"。

　　这其实是一种心理暗示，暗示问题一定出在外部，因为"我的产品已经是业内最好的了"。

　　他用"为什么 + 观点"句式，给自己注射了一剂止痛药。"我的产品是业内最好的"，这一针的止痛效果非常好。

　　但止痛针无法根治消费者不买的真正症结。比如，事实可能是你的产品根本就不好，至少不是你以为的"业内最好的"。

　　理解了"为什么 + 观点"句式的注射作用，第二个问题就迎刃而解了。

　　"润总，为什么现在市场上优秀的员工那么少？"

　　优秀的员工并不少，否则，华为几万人的研发团队从何而来？问题在于，你的公司支付不起那些优秀员工的报酬。

　　更可怕的是第三个问题："润总，为什么只有坑蒙拐骗的公司才能赚到钱，踏踏实实做生意就那么辛苦呢？"

　　这个问题里面，有两个"为什么 + 观点"句式。

　　第一个是"为什么 + 踏踏实实做生意就那么辛苦"。当他把"踏踏实实做生意就那么辛苦"这个观点注射到自己的大脑中后，紧接着给出了"为什么"的答案："只有坑蒙拐骗的公司才能赚到钱"。

　　为了说服自己，他再次运用"为什么 + 观点"句式，又给自己打了一针："为什么 + 只有坑蒙拐骗的公司才能赚到钱"。

给自己注射完两针后，他的策略也就呼之欲出了：我也
要坑蒙拐骗。

因为，这是他认为的这个世界的赚钱逻辑。

实际上，他之所以很辛苦还不赚钱，可能是因为他在做
一件对用户而言价值感很小的事情。

小提示

"为什么 + 观点"，是一只危险的"注射器"。

我犹豫了很久要不要写这篇文章，因为有人会恍然大
悟，用这个"注射器"去操纵别人。但是，最终我还是
写了。因为有人会恍然大悟，知道如何避免被这只"注
射器"注射——避免被别人注射，也避免被自己注射。

这个世界上最大的"注射器"，是无数电视剧里演过的
那一幕——一个风雨交加的夜晚，主人公跪在瓢泼大雨
里，对着苍天怒吼："为什么上天你要这样捉弄我？"

等一等。

可能上天并没有捉弄你。你只是单纯地输了。

今天，很多人对着电脑"奋笔疾书"："为什么我做对了
所有事情还是输了？"

等一等。

可能你误解了"所有事情"这个概念。只是你做错的事
情，太多了。

如何赢得一场辩论

我 1994 年读大学，就在前一年，即 1993 年，复旦大学代表中国赢得了在新加坡举办的首届国际大专辩论赛冠军，蒋昌建获得最佳辩手。一时间，举国沸腾。

随后几年，全国各地的大学都非常流行举办辩论赛，我所在的南京大学当然也不例外。我在大学一、二年级时参加了很多场辩论赛，获得过全校的"最佳辩手"。可以说，我受过一些训练，也有一些实战经验。

对辩论，我有一些自己的理解（见图 2-3）。

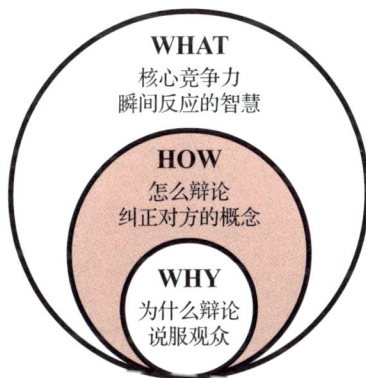

图 2-3　如何赢得一场辩论

辩论的目的

首先，辩论的目的是什么？

辩论的目的，不是说服对方，而是说服观众。

从规则设定上来说，对方就是不可被说服的。他可以输，但是不可被说服。所以，不要试图说服对方。

对方的表达，只是你的素材，而不是你的打击对象。你的目的，是利用这些素材说服观众。就算说服不了观众，也要影响他们。就算影响不了全部，也要影响一部分。就算影响不了他们的观点，也要影响他们对你的态度。

辩论的目的，甚至不是改变观众的观点，而是改变观众的态度。态度改变了，他们会自己改变观点。没有人会接受你塞给他们的观点。就算这个观点是正确的，因为是塞的，他们也不愿意要。人们只会在安全、舒适、信任的氛围下，自己取走喜欢的观点。你要给观众营造一个让他们愿意取走你的观点的氛围。

辩论的关键

其次，辩论的关键是什么？

一场表演性质的辩论，有一个"暗黑的秘密"，就是辩论双方几乎从不会真正地正面辩论，他们只是在不断地表达自己的观点。

怎么做到？

你需要掌握一个技巧：偷换概念。如果觉得很难听，那就换一种说法：重新定义概念。如果还是觉得难听，那就再换一种说法：纠正对方的概念。

什么意思？当对方说"人性本善"时，他可能会举一个例子，某人无私地救助了一个陌生人，甚至牺牲了自己的生命。这不是经过训练的，不是经过算计的，而是发自本能的，所以人性本善。

你怎么回应？如果你顺着他的思路说下去，这场辩论你就输了。你应该"纠正对方的概念"。

这时，你可以快速思考：对方是怎么"定义"善的——发自本能地帮助他人。但这真的是善吗？这个人可能正在指挥一场关乎 10 万人生死的战争。他救了一个人，却牺牲了10 万人。正如《三体》里那个心软的执剑人，因为所谓的"善"，害死了全人类几十亿人。这不是善，而是披着"善"的外衣的恶。

你会发现，对方其实没有和你辩论，他只是巧妙地重新定义了"善"，然后表述了在这个定义下为什么你是错的。

那么，你应该怎么办？继续重新定义。

你看，一场你来我往的辩论赛，其实双方从来没有真正地辩论过，他们只是通过不断地重新定义概念的方式，表达着自己，影响着观众。

辩论的核心竞争力

最后，辩论的核心竞争力是什么？

辩论的核心竞争力，是"基于逻辑的急智"。

有一次，罗老师（罗振宇）对我说，他发现虽然自己非常擅长演讲，但参加《奇葩说》坐在马东旁边的时候，竟然根本插不上话。

我理解。演讲高手，大多数都不擅长辩论。因为演讲的核心竞争力，是在两小时里谋篇布局的能力：这里先埋下一个"梗"，那里呼应前面某句话，然后用幽默烘托气氛，最后用排比句升华情感。擅长演讲的人，适合做导演，他们善于把握两小时内的节奏。

但是，辩论不同。辩论是 10 秒内的完整回合，当你还在谋篇布局的时候，几个回合已经结束了，你当然插不上话。

10 秒一个回合，你无法关注对方的论点，你只能关注对方的逻辑体系。一个人的论点往往由论据和论证构成，即"论据 + 论证 = 论点"。一个优秀的辩手，总是能轻易"噎死"一个普通人，因为他根本不关心对方的论据，只关心对方的论证。

举个例子。你（张三）说："我昨天吃了一顿大餐，所以今天心情好。"对方可以立刻接过去："李四，听说你昨天也吃了大餐，怎么这么愁眉苦脸呢？"李四插科打诨，接话说："我的餐可能不够大吧，张三，你那餐有多大？"这时，你可能就愣在那里，不知道怎么接了。

从"吃大餐"到"心情好",这个论证并不严谨,只是一般人不在意而已。遇到真正的辩手,三句话就能"噎死"你。

所以,一个真正的辩手,他需要的是瞬间反应的智慧,是"基于逻辑的急智"。

当然,让辩手去演讲,他通常也讲不好。因为他拥有的是 10 秒内的谋划能力,而不是两小时内的谋划能力。这也是为什么相声演员拍电影大都显得比较笨拙。因为他们的"包袱",在时间更长的电影里,不是显得可笑,而是显得滑稽。

小提示　有很多人,一直习惯于"表达",但是没有真正与人"交锋"过,所以,一旦辩论起来,就显得笨拙。这不代表他们的学识不够,只代表他们在工作、生活中遇到的语言冲突不够,缺乏训练。

如果你希望训练自己的辩论技能,我建议你了解三点:辩论的目的、辩论的关键和辩论的核心竞争力。

辩与不辩,真理都在那里。辩论,能让我们看真埋的眼睛更加明亮。

普通和优秀的差距，在于解决问题的方式不同

在你的成长道路上，无论是在事业上还是在生活中，你一定会遇到一场又一场遭遇战，不打招呼，没有彩排，突然发生。可能是业绩突然大幅下滑，可能是产品次品率大幅上升，也可能是投诉突然变多，等等。

当你遇到这些突如其来的遭遇战时，会如何面对？

普通和优秀的差距，就体现在应对方式上。一个人优秀或不优秀，要看他是如何解决问题的。

普通人只能看到现象，而优秀的人总能透过现象看到事物的本质。

经验不靠谱

如何才能像优秀的人一样解决问题呢？凭经验吗？二战期间，盟军的轰炸机损失很大，少部分返回来的飞机机翼上也布满弹孔。盟军决定在有限的条件下给飞机上的部分位置加装钢甲，以保护飞行员的生命，提高战斗力。可是加在哪里呢？凭经验，既然机翼上满是弹孔，那最需要加固的部分应该是机翼。于是，司令决定，加固机翼。

这时，一位担任盟军顾问的统计学家说："司令，你看机翼中弹的飞机还能飞回来，也许正是因为机翼很坚固。机头和机尾一旦中弹，飞机就飞不回来了。"

　　司令大惊，赶紧派军队去战地检查飞机残骸。果然，被
击落的飞机，都是机头、机尾中弹。飞回来的飞机，可能并
不知道自己为什么没有被击落，只有被击落的飞机才知道。
但是，被击落的飞机已经永远无法开口了。

　　普通人凭经验，决定加固机翼。但是优秀的人会透过现
象看到本质，知道那些被击落的飞机应该是由于机头或者机
尾中弹。

　　凭经验，有时真的不靠谱。

　　有人会说，这是"幸存者偏见"，是因为统计的样本不
够多。只要在分析问题时、寻找成功经验时考虑得再全面
些，就不会犯这样的错误了。

　　真的是这样吗？"成功经验"真的都靠谱吗？

　　以企业为例。很多企业管理者在企业遇到问题时，会习
惯性地去学习其他企业的经验，尤其是行业内顶尖的企业。
在他们看来，这些企业做什么都是对的，都值得他们学习。
这些企业总结出来的方法论，也总让他们有种醍醐灌顶的感
觉。但是，这些所谓的"成功经验"，有时可能并不靠谱。

　　多年前，作为一名微软员工，我有时会被邀请去分享微
软开发软件的经验。其中很重要的一个经验是：一名开发人
员配备两名测试人员。许多人听完表示醍醐灌顶，说微软这
么强大，原来是这样开发软件的啊。

　　当时有人甚至问我这样的问题："你们微软的员工都用

什么牌子的牙膏?"我愣住了,从没想到在商业分享中会被问这样的问题,但还是礼貌地回答了这个问题:"我不知道别人用什么牌子,反正我自己用的是黑人牙膏。"这时,我看到提问者露出了恍然大悟的表情,好像在说"原来微软员工用的是黑人牙膏啊!怪不得这么厉害"。

这不是开玩笑,这是真事儿。

这很可笑,牙膏和成功,有因果关系吗?但很多人就觉得,微软这么厉害,做什么都是对的,每一个员工都值得"哇"地大声尖叫,每一次分享都值得细细品味和研究。

大约10年后,我再和别人分享"一名开发人员配备两名测试人员"的方法,很多人已经开始鄙夷微软了。那个时候,微软的衰落成为他们脑海中既定的事实,一种不可驳斥的结果。在他们看来,微软已经过时了,说什么都是错的。一名开发人员配备两名测试人员?太浪费资源,太不敏捷,太没有效率……

这样的例子还有很多。

当我们遇到问题,试图找寻解决办法的时候,常常迷信别人的成功经验。别人的成功经验固然重要,但是他给你分享的真的是让他成功的经验吗?适合不适合我们呢?

不一定。

那我们应该怎么办?

我建议你在遇到问题和困难的时候,采用"假设—验证一结论一调整"的方法。

假设一验证一结论一调整

什么是"假设一验证一结论一调整"？就是在遇到问题时，先大胆假设，然后去验证，得出结论，最后根据结论做出调整。

回到前面的"给飞机加装钢甲"的案例。为了解决给哪个部位加装钢甲的问题，我们可以按照这个方法模拟一遍（见图 2-4）。

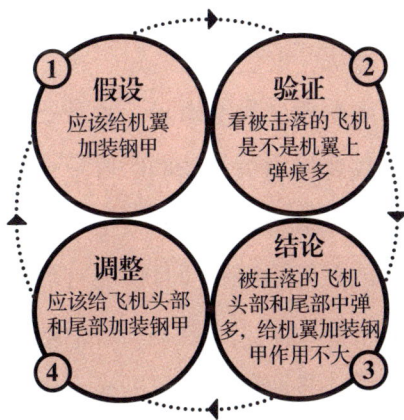

图 2-4　"假设一验证一结论一调整"法

假设：应该给机翼加装钢甲。

验证：看被击落的飞机是不是机翼上弹痕多。

得出结论：被击落的飞机头部和尾部中弹多，给机翼加装钢甲作用不大。

根据结论做出调整：应该给飞机头部和尾部加装钢甲。

这就是"假设—验证—结论—调整"这个方法论的简单应用。运用这个方法，我们就能找到，到底应该给飞机的哪个部位加装钢甲。

这个方法的本质就是，为了印证假设，而不辞辛苦、不嫌麻烦地去验证假设，然后得出结论，最后做出调整。

就事论事

在运用这个方法时，我建议你要注意一点：就事论事，不要被立场左右。

比如，公司的新产品卖不出去，于是各部门领导一起开会讨论，到底是什么原因。产品部门说是销售没做好；销售部门说是广告打得不够响，很多人都不知道这个产品；市场部门说是公司给的预算不够，而且产品有瑕疵，精力都用在解决投诉等公关问题上了，质量部门没把好关；质量部门说是生产部门没有严格按照作业指导书操作……这种扯皮、踢皮球的现象在很多公司内部经常出现。

这样的扯皮会，无论开多久都达不成共识，也找不出解决方法。可我们开会讨论，不就是为了解决公司的新产品为什么卖不出去这个问题吗？又不是开追责大会，必须找出一个部门来承担责任。所以，为了能真正解决问题，所有人都要秉持就事论事的态度来分析问题。

　　假设销售没做好，那么我们就要去验证，是所有销售人员都卖得不好，还是只有一部分销售人员卖得不好。如果有接近一半的销售人员业绩还不错，那么说明不是新产品的问题，也许是新产品的销售方法、话术等还没有培训到位。

　　我们可以逐一去验证假设，得出结论，然后做出调整。

　　运用这个方法一定要从事实出发，就事论事，而不要被自己和他人的利益、立场所左右。因为事实更可靠。

小提示

我们常说"眼见为实"，经验很重要。很多情况下，确实如此。但有时，我们看到的表象或者经验会欺骗、迷惑我们，让我们看不透事物的本质。

所以，我们要做到以下几点：

一是抛弃经验，放弃想当然，不要轻易下结论，要抱着空杯心态去看问题。

二是运用"假设—验证—结论—调整"，大胆假设，小心求证，得出结论，最后做出调整。

三是不要被利益、立场所左右，要就事论事。

能做到以上三点，再复杂、再烦琐的事，你也能抽丝剥茧，洞察本质。

如何快速洞察本质

对商业顾问来说，最核心的能力，就是透过现象看本质的洞察力。很多同学问我："润总，我怎么才能像你一样，快速看透一件事情的本质呢？"这个问题，一两句话很难说清楚。为了回答这个问题，我甚至在得到 App 上专门开了一门课程，叫作《刘润·商业洞察力 30 讲》。

那么，到底什么是洞察力？

举个例子。我在微软上班的时候，公司提供午餐和晚餐。午餐时段用餐的人数一般比晚餐要多，因为不是每个人晚上都要加班。所以，午餐供应商的利润往往更高，但是有时候，午餐却做得很糟糕。怎么办呢？

这个问题的本质是供应商偷工减料，不好好做吗？那派人盯着他们，要求他们更新菜谱，或者隔一段时间换一次大厨，是否可行？实际上，这些办法都没用。因为改进需要付出成本，而供应商是逐利的，所以会阳奉阴违。

为了解决这个问题，微软制定了一个制度：选两家供应商，一家负责提供午餐，另一家负责提供晚餐。每三个月做一次满意度调查，看看员工们更喜欢午餐还是晚餐。如果喜欢晚餐的多，那么午餐、晚餐供应商调换。如果连续六个月午餐都胜出的话，更换晚餐供应商。

自从这项制度实施以来，那些表示"我们已经做得很好了""换口味，成本就要大幅提高"的供应商很快就提供了比原来好得多的服务，员工的满意度也大大提升。

这就是洞察本质的人想出来的办法。

这个问题的本质，不是供应商有问题、偷工减料，而是微软和供应商之间的关系有问题。

面对这个问题，普通人的思维模式是要求供应商提高水平，不行就换掉它。但是，当微软只有一家供应商的时候，供应商是没有危机感的，无论微软怎么督促，供应商都肆无忌惮。而引入另一家供应商之后，因为有了竞争对手，原供应商就有了被淘汰的危机感，这种危机感会驱使它想方设法地改进服务。

所以，洞察本质的人，他们的思维模式是引入竞争机制，让竞争代替人工督促，去激励供应商提供更好的服务。

这，就是洞察力。

洞察力，并不是上帝悄悄给某些人的礼物，而是每个人都能通过科学的方法，不断练习、不断精进的一种能力。

接下来，我就把最核心的洞察方法——"商业洞察力模型"，分享给你。

透过表象看系统

我们平时观察一件事情的时候，观察到的通常只是表象。

　　比如，你观察一只机械手表，你会看到表盘，表盘上有时针、分针、秒针，侧面还有一个表冠。当机械手表不走了，你可以拨动表冠，给它上弦，表就又开始走了。当时间不准了，你可以拔出并转动表冠，分针就会跟着转动，以此来调整时间。这是我们观察到的关于机械表的规律。

　　什么是规律？你给某个事物一个刺激，它就会产生相应的行为，这就是规律。比如，你拨动表冠，就是对机械手表的一个刺激。拨动表冠之后，表开始走了，这就是你给它这个刺激之后，它所产生的行为。我们平常研究事物所观察、总结出来的，一般都是这样的规律。但这些规律其实都只是表象。

　　更深一步去看，这些规律为什么会发生？为什么拨动表冠，表就开始走了，它的动力来自哪里？为什么拔出并转动表冠，分针就会跟着转动？……这些问题，我们其实并没有真正理解。

　　每一个表象背后，都有一个"黑盒子"。虽然我们看不见这个"黑盒子"，但它才是所有规律产生的原因。我们把这个"黑盒子"，叫作系统（见图2-5）。

　　当系统运转正常的时候，我们可以遵循规律做事。可一旦系统出了问题，规律就失效了。如果你无法洞察表象背后的系统，你就不可能知道问题出在哪里，更不知道如何解决。

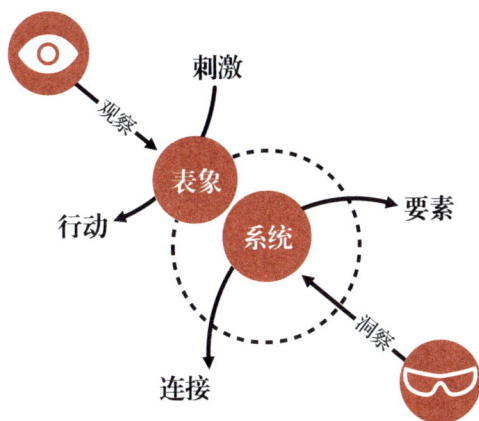

图 2-5　透过表象看系统

我们锻炼自己的洞察力，就是为了理解表象背后的"黑盒子"——系统，从而真正地从本质上解决问题。

系统 = 要素 × 连接

什么是系统？系统，就是一组相互连接的要素。

这个定义中，有两个关键词：要素和连接。

比如，以机械手表为例，表盘、表冠、表针以及表盘背后的几百个零件，就是机械手表这个系统的"要素"。而这几百个零件是如何衔接、如何咬合的，就是它们之间的"连接"。

所谓洞察力，就是透过表象，看清系统这个"黑盒子"里各个要素以及它们之间连接的能力。

我们通常很容易看到"要素",但常常忽略它们之间的"连接"。而问题的解决方案,常常就藏在这些"连接"里。

现在,我们已经知道"连接"很重要了,可是,怎么才能找到它们呢?一个系统里,到底有哪些"要素"和"连接"?

我们先了解构成系统的五种模块:变量、因果链、增强回路、调节回路和滞后效应。其中,变量是"要素";因果链、增强回路、调节回路和滞后效应,是四种"连接"(见图 2-6)。

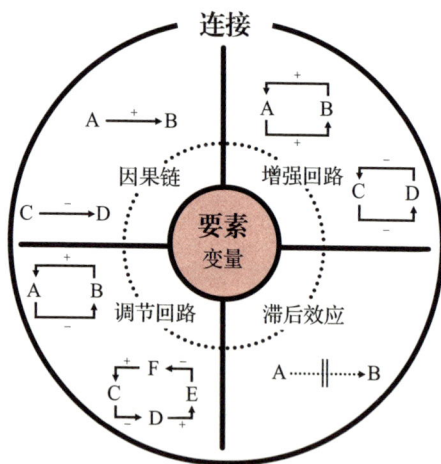

图 2-6　系统的构成

任何一个复杂的系统,都是由这五种简单的、像乐高积木一样的基础模块搭建而成的。只要你了解了这一点,再复杂的系统,在你的眼里,都只是这五种"积木"的排列组合而已。

变量

变量，就是系统中变化的"要素"。变量会随着时间的变化而变化，比如你的体重，忽高忽低；比如公司财务，忽好忽坏；比如门店顾客，忽多忽少。

一旦加上时间轴，变量就会呈现出两种不同的状态：存量和流量。以浴缸为例，在一个浴缸中，"水"这个变量有两种不同的状态。一是存量，就是在一个"静止的时间点"，浴缸中存了多少水；二是流量，就是在一个"动态的时间段"，有多少水流入浴缸（流入量），有多少水流出浴缸（流出量）（见图 2-7）。

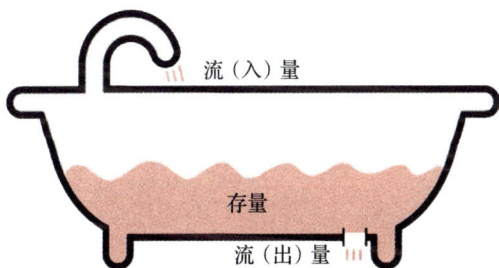

图 2-7　存量与流量

理解存量和流量，有什么用呢？

举个例子。因为一件小事，你的女朋友要和你分手。你很郁闷：为了一件小事就分手，至于吗？可是，女朋友和你分手，真的是因为这件小事吗？当然不是。她之所以和你分手，不是因为任何事情，而是因为一种叫作"不满"的情绪。

"不满"这种情绪，就像浴缸里的水一样，是一种存量。那件导致你们吵架的小事，就像浴缸上方的水龙头，会带来"不满"的情绪，增加"不满"的流入量。越来越多的"不满"流入"浴缸"，就会增加"不满"的存量。

你第一次惹你女朋友生气时，她和你提分手了吗？没有。因为那时这个"浴缸"还很空。你觉得"哦，原来她不介意"，其实她不是不介意，而是"浴缸"没满，她还能忍。一直生气，一直忍，直到最后一瓢"不满"倒入，"浴缸"终于满溢，这时，你再怎么道歉，都没用了。

只看到流入量的男孩，会以为女朋友居然因为"一件小事"和自己分手。而能看到存量的男孩，懂得用流出量来减少"不满"的存量。比如，时不时送个礼物，陪女朋友逛街，精心安排纪念日，等等。这样的男孩，通常被称为"暖男"。

而暖男之所以暖，只是因为他们比直男更懂得如何用流量来管理存量。

流量，改变存量。存量，改变世界。

因果链

理解了变量以及变量的两种状态——存量和流量之后，我们来看第一种连接：因果链。

因果链非常重要。没有因果链，再多的变量在一起，也只是没有生命力的沙堆，而不是生生不息的系统。

那么，到底什么是因果链？因果链，就是变量之间增强或者减弱的连接。

增强的因果链就是"你强，我就强"。比如工作时间与疲劳程度之间的关系。工作时间越长，疲劳程度就会越高，因此我们说工作时间增加是疲劳程度增加的一个原因。这就是增强的因果链。

减弱的因果链就是"你强，我就弱"。比如疲劳程度和工作效率之间的关系。疲劳程度越高，工作效率就会越低，因此我们说疲劳程度增加是工作效率降低的一个原因。这就是减弱的因果链。

因果链很简单，只有增强（＋）和减弱（－）两种情况，没有第三种（见图 2-8）。

图 2-8　因果链

我们可以用因果链，把系统中所有变量全都连接起来。摆出两个可能有关系的变量，问自己：它们之间有增强关系吗？有减弱关系吗？在纸上画出所有你能找到的因果链。看似简单的因果链，一段一段地连接了万千变量，正因为如此，才有了复杂的系统。

用因果链连接变量，是锻炼洞察力的基本功，你必须认真练习。

增强回路

变量，是节点。因果链，是线段。但线段有头有尾，能量从头传到尾，就结束了。如果我们把结尾和开头也用一条因果链连接起来，形成闭环呢？这就形成了一个"回路"。

回路有两种，一种叫作增强回路，另一种叫作调节回路。

什么是增强回路？两条增强或者减弱的因果链，首尾相连，形成一条回路，就是增强回路。其中，"因"增强"果"，"果"又增强"因"的，叫正向增强回路；"因"减弱"果"，"果"又减弱"因"的，叫负向增强回路（见图 2-9）。

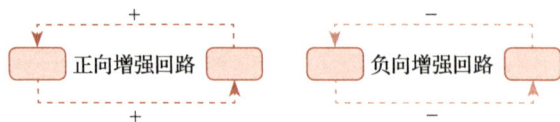

图 2-9　增强回路

比如，你越有知识，积累新知识的能力就越强。积累新知识的能力越强，你就越学富五车、才高八斗，就更能理解新知识。如此不断增强，这就是一条正向增强回路。

比如，你越有信用，别人就越愿意和你合作。别人越愿意和你合作，你就能积累越多的信用，就有越多的人愿意和你合作。如此不断增强，这也是一条正向增强回路。

再比如，对腾讯的微信来说，用户数量越多，它对其他用户就越有价值；它越有价值，用户数量就越多。如此不断增强，这就是腾讯社交的正向增强回路。

几千年来，人们给增强回路导致的大起大落现象起了无数个名字，如宗教学家叫它"马太效应"，经济学家叫它"赢家通吃"，金融专家叫它"复利效应"，互联网公司叫它"指数级增长"。但是这些如烟花一样绚烂的现象背后，其实都是同一块"积木"——增强回路。

不管是人生还是商业，小成功靠的是聪明才智，大成就靠的是建立正向的增强回路。

调节回路

什么是调节回路？"因"增强"果"，"果"增强"因"的回路，是增强回路。而"因"增强"果"，"果"减弱"因"的回路，就是调节回路（见图 2-10）。

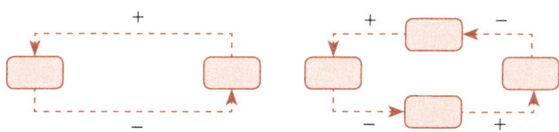

图 2-10　调节回路

如果说增强回路的存在，是让这个世界走向极端。那么调节回路的存在，就是让这个世界回归平衡。凡是有增强回路的地方，必然有调节回路。

举个例子，很多人在创业的时候，坚信"没有管理的管理，才是最好的管理"，于是，他们不设层级，没有流程，也不设定 KPI（关键绩效指标）。创业初期，公司里就几个人，遇到什么问题，站起来一吼，问题就解决了。果然，大家的工作效率特别高，在"产品为王"的增强回路中公司获得了指数级增长。

很快，公司就发展到了几百人的规模。这时，"没有管理就是最好的管理"再也不起作用了。公司里各种问题层出不穷，产品缺陷越来越多，客户抱怨也与日俱增。公司规模越大，管理复杂度越高。而管理复杂度越高，问题就越多，导致成本增加、人员流失。这样一来，公司规模就受到了制约。

这时，"产品为王"这个增强回路，遭遇了"管理复杂度"这个调节回路，导致公司业绩一直徘徊不前，再难突破。

要解决这个问题，就要用层级，用流程，用 KPI，来提高管理效率。切断"管理复杂度"这个调节回路，释放增长潜力。

这时候，这些创业者才会意识到，为什么大公司的前辈们经常说"向管理要效益"。以前你能做到"没有管理就是最好的管理"，只是因为你的公司还太小，离这个调节回路太远。一旦看到了调节回路，你就会顿悟：很多时候，我们的增长并不需要猛踩油门，只要松开刹车就好。

而一家公司的 CEO 最主要的工作，就是踩下业绩的"增强回路"，松开问题的"调节回路"。

增强回路，追求极端；调节回路，回归平衡。

这个世界上，凡是有增强回路的地方，必有调节回路。

增强回路和调节回路这对"孪生兄弟"，性格迥然不同，却共同构建了最美妙的世界万物。

滞后效应

最后一种连接，叫作滞后效应。

什么是滞后效应？因果不是瞬间连接的，回路也不是瞬间闭合的，二者各自都存在时间差。这个时间差，就是滞后效应。

比如，你开车被堵在路上时，听交通广播说旁边有一条路很通畅，于是赶快开过去。可是等你到了那条路，发现其实也很堵。交通广播骗你了吗？没有。这条路不再通畅，是因为在从你听到广播到抵达那条道路的这段时间里，交通状况发生了改变。而交通广播播报的信息，恰好加剧了这种改变。这就是滞后效应。

再比如，你高考填志愿的时候，高考咨询机构告诉你"国际金融专业最热门"。于是，你报了国际金融专业。然而大学毕业时你才发现，最热门的是人工智能，而国际金融专业的很多毕业生找工作很难。是高考咨询机构骗了你吗？不是。是因为在你上大学的这四年里，商业世界发生了重大的变化。

滞后效应，让在空间维度上已经很复杂的系统，又增加了时间维度上的复杂性。它会让因和果在时空上远离，从而误导你的判断。

所以，我们在试图洞察万事万物的本质时，心里一定要装着滞后效应，懂得给万事万物加上时间轴。

小提示

普通人观察一只手表，优秀的人洞察几百个零件之间的连接。

普通人观察一次合作，优秀的人洞察协议背后利益分配、风险转嫁的连接。

普通人观察一个团队，优秀的人洞察团队里责、权、利错综复杂的连接。

普通人观察表象，优秀的人洞察系统。

变量、因果链、增强回路、调节回路和滞后效应，这五块"积木"，是搭建所有复杂系统的基础。不管你遇到什么问题，所有的解决方案都藏在这五块"积木"里。

分析问题时，记住五个关键步骤：①找到核心存量；②找到关键因果链；③找到增强回路；④找到调节回路；⑤考虑滞后效应。

然后，看看问题到底出在哪一步，你可以采取哪些措施，改变哪些连接。

做到这些，你就真正拥有了洞察力。当然，这并不容易，需要你日复一日地思考、练习。

流程、制度与系统

作为一名商业顾问，在给企业家学员上课时，经常会有学员问我这样的问题："润总，上企业管理课的时候，经常听老师提到流程、制度、系统、机制等，这些词之间的区别到底是什么？"

的确，这些词在企业管理中经常出现，那这些词到底是什么意思呢？

为了更好地理解这些词，我们先看一个小故事：

从前有座山，山里有座庙，庙里有几个和尚，他们每天都是同吃一桶粥。但粥总是分得不公平，负责分粥的人碗里的粥总是又稠又多。

于是，他们选举了一名德高望重的和尚来负责分粥，但结果并没有改变，甚至还出现了腐败——有人贿赂负责分粥的和尚。看来，这个方法不可取。

后来，他们决定干脆轮流分粥。这看似是一个公平的方法，毕竟，信别人不如信自己。但这种方法导致的结果是，每个人在轮到分粥的那天，都会给自己分又稠又多的粥，而其他日子里，都是清汤寡水。

怎么办？

有人说："我们成立分粥委员会和监督委员会吧，把分粥者的权利锁在牢笼里。"但是执行起来才发现，这样还是不行。因为委员会里的每个人意见都不一致，经常吵来吵去，粥都凉了还分不了粥。

这个问题看似无解了。

这时，有人提出："我们还是轮流分粥，但是这一次，不是分好一碗就拿走，而是先把粥分到每个碗里，然后每人拿一碗，而且分粥的那个人要最后拿。"

奇迹出现了，采用了这种方法后，每天的粥都分得特别公平。因为分粥的那个人如果分得不公平，自己就得挨饿了。

和尚分粥的例子和我们一开始提到的那些词有什么关系呢？别着急，我们一个个来说。

流程

什么是流程？流程就是基于时间线做完一件事的整个过程。流程是线性的、连贯的、客观的。

比如，把大象装进冰箱的流程是什么？第一步，打开冰箱门；第二步，把大象装进冰箱；第三步，把冰箱门关上。

再比如，在分粥的案例中，都有哪些流程？

德高望重的和尚分粥的流程是：第一步，把粥桶拿到自己身边；第二步，把粥分给所有人。

轮流分粥的流程是：第一步，判断今天轮到谁分粥；第二步，负责分粥的人把粥分给所有人。

分粥委员会分粥的流程是：第一步，把粥分给所有人；第二步，分粥委员会判断粥分得是否公平。

轮流分粥且分粥人最后拿的流程是：第一步，判断今天轮到谁分粥；第二步，负责分粥的人把粥分到所有碗里；第三步，其他人各拿一碗粥，负责分粥的人最后拿。

当然，以上的流程可以拆分得更细，这里只是简单举例。

可以说，我们做任何一件事都是有流程的，区别只不过是有些流程是被设计过的，有些流程是自发的，有些流程是被优化的，有些流程是低效率的。

企业经营管理课程中经常会提到"流程管理"或"流程优化"。这是什么意思？就是不断优化做一件事的过程，原来可能需要十三步，经过优化后只需要七步了。原来的流程可能需要八个人，现在只需要三个人了。从本质上来说，流程管理与流程优化都是为了更高效率地完成某件事情而进行的一些改变和优化。

凡事皆有流程，只是效率有高低之分。

制度

什么是制度？制度就是做一件事的行为准则，它可以是权力机构发布的规定，也可以是一种契约。比如，《员工手册》《保密制度》《学生行为规范》，等等。制度这种行为规则，如果我们不去制定，它就不会存在。

在和尚分粥的案例里，都有哪些制度？

作为行为准则，制度通常是以文本形式出现的。分粥的案例里没有具体描述制度，但是我们可以稍微推演一下：为了保障德高望重的和尚顺利分粥，也许会有如何选举德高望重的和尚的制度；采取轮流分粥的方式时，也许会有以什么顺序轮流的制度；分粥委员会分粥时，也许会有如何选举分粥委员会的制度。

那么，企业里的制度是什么？是要求，是规则，是告诉人们什么可以做、什么不可以做，比如，很多公司规定不允许行贿、不能拿经销商和客户的回扣、家属不能在同一个部门，等等。这些都是制度，是刚性的。

企业之所以制定这些制度，不是因为它们能使公司获得成功，而是为了避免公司出现大事故。

所以，制度就是你开车时的红绿灯，是路边的护栏。

系统

什么是系统，什么是机制呢？其实我认为，这两个概念在企业管理中是非常接近的，甚至可以说是同一组概念。

我们大多数人看一家公司，看到的是这家公司的产品是什么，对我们有什么用。至于公司是怎么生产这些产品的，对我们来说并不重要，就像"黑盒子"一样，我们完全不关注。就如我们看表，只会看它显示的时间，不会看表的内部齿轮是如何运转的。

但是，这个不被关注的"黑盒子"，就是生产这个产品的系统。如果你是这家公司的经营者，你就必须打开这个"黑盒子"，研究各个组成部分之间的关系。

在分粥这个案例里，有什么系统？我们看到，有德高望重的和尚分粥系统，有轮流分粥系统，有分粥委员会的分粥系统，有轮流分粥且分粥人最后拿的分粥系统，这些都是系统，它们是完成分粥这件事的关系总和。

所以，系统就是若干部分相互联系、相互作用形成的具有某些功能的整体。

我们常说，一个企业家要拥有全局之眼。什么是拥有全局之眼？就是懂得从系统的角度去看问题，只有这样，你才能站在未来看今天，站在高空俯视全局。

区别

通过分粥的案例，我们大概理解了流程、制度、系统、机制等这些词的意思。

那它们之间的区别又是什么呢？

流程，是基于时间线做一件事的过程，关注的是过程。

制度，是规定，是契约，关注的是结果。

而系统，是内部各个要素、变量之间相互关系、相互作用的整体，关注的是各要素之间的关系。

无论是流程、制度，还是系统或机制，其实都是用来解决问题的。

普通人改变结果，优秀的人改变原因，顶级优秀的人改变模型。改变制度是改变结果，改变流程是改变原因，改变系统则是改变模型。

比如，在分粥案例中，最后分粥这个问题的根本解是什么？是轮流分粥且分粥人最后拿。

这是改变流程吗？看起来好像是。但本质上，是改变前三个流程中人与粥、碗之间的关系。

在前三个流程里，分粥人把粥分到谁的碗里，就代表谁的粥多了或粥少了。但在轮流分粥且分粥人最后拿这个系统里，人和粥的关系被分割开了。分粥人第一步不是给人分粥，而是把一桶粥分到不同的碗里，这时谁喝哪碗粥还不确定。而由于分粥的人最后拿粥，所以他一定会想尽办法做到把每碗粥都分得一样多。这属于改变系统、改变模型。

如果说改变流程、改变制度是管理，那么改变系统、改变模型就是治理。

真正顶级优秀的人，都在用治理的方式管理组织。比如，二战期间，美国空军降落伞的合格率是 99.9%。也就是说，每一千个跳伞的士兵中，就会有一个人因为降落伞的原因丧命。军方要求厂家必须达到 100% 的合格率。厂家负责人罗列了各种理由，说他们已经竭尽全力，没办法再提高了。

怎么办？是改变制度，严厉处罚，还是改变流程，用更多人力检测？都不需要。军方改变了检查系统，每次交货前，都会随便挑几个降落伞，让厂家负责人亲自跳伞检测，从此，降落伞的合格率达到了 100%。

小提示　有这么一句话，"花半秒钟看透本质的人，和花一辈子都看不清的人，注定拥有截然不同的命运"。

普通的人改变结果，优秀的人改变原因，顶级优秀的人改变模型。

解决问题的办法有千万种，但最有效的那一个，一定是用洞察力改变系统、改变模型。

我祝福你拥有看透本质，改变系统、改变模型的能力，用治理的方法管理企业，成为那个顶级优秀的人。

逻辑思维与逻辑闭环

一些人在网上发表观点时，总是会出现驴唇不对马嘴的情况，其实这是因为他们缺乏基本的逻辑思维。

一个人如果有基本的逻辑思维，就会有刨根问底的好奇心，遇到事情不满足于表面的解释，而是不断地往下追溯，找到根本原因（见图 2-11）。

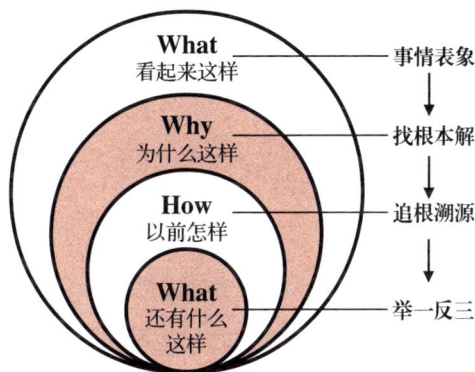

图 2-11　逻辑思维与逻辑闭环

这种刨根问底的逻辑思维在生活中随处可见，我就举一些自己的例子吧。

"刨根问底"怎么玩

有一次，在微信群里，一位朋友发了一段在赤道旅行时拍的视频，内容是当地人做的一个有趣的实验：

当地人把一个装着水的脸盆放在赤道的北面，水面上飘着一朵小花，等到小花静止的时候，把脸盆底部的塞子一拔，水就往下流，形成了旋涡。从小花的转动方向，可以看出水是逆时针转动的。而当他端着脸盆走到赤道南面一两米的地方再做这个实验时，脸盆里的小花就变成顺时针转动的了。这时，导游开始解释，地球是由西向东转的，由于地转偏向力的存在，地球会以赤道为中心，在赤道的南面和北面按不同的方向旋转。

群友们看了这个视频后觉得上了一堂生动的地理课，纷纷感慨：这世界太神奇了！

这时，我跳了出来，让他们千万别信，群友们问："为什么？"

我给他们讲："我去过两次赤道看表演，还去过两次南北极专门做实验。地转偏向力确实存在，但远不足以在距离赤道一两米的地方产生这么大的差别。即使在南北极做实验，水流方向都是随机的，只有大尺度的东西（比如洋流），才能体现出这种方向上的差异性。小尺度的东西（比如脸盆里的水）主要受环境影响，如水盆结构、故意用手拨动等。"

我接着说："而且赤道是垂直于地轴的，地轴每年有约15米的移动，赤道的位置也会随之移动，所以那条线并不是真正的赤道，只是具有象征意义。"

在我做完这番解答后，群里的朋友们纷纷点赞："专业""涨知识，我也看过这样的表演，没质疑过""你太牛了，我真以为是这样"……

"牛""专业""涨知识"……这些词是怎么来的呢？

其实，只是因为我有刨根问底的逻辑思维而已。

很久以前我第一次看到这个实验时，心里就产生了一个疑问：真的是这样吗？

为了解开这个疑惑，我到南半球（比如南极、澳大利亚）旅行的时候，专门做了水流实验，看看在南半球水是不是顺时针转的。结果我发现水流的方向是随机的，有时是顺时针，有时是逆时针，这与之前所学的"水流在北半球逆时针旋转，在南半球顺时针旋转"的知识是不相符的。

为什么会这样呢？

带着这个问题，2014 年，我来到了一座位于赤道的城市——厄瓜多尔的首都基多。

在那里，我看到了当地人做的水流实验，与前文提到的一样，当时我也很困惑：怎么跟我自己做的实验不一样呢？

于是，我拍了视频，并认真地查阅了相关资料。

经过一番研究后，我发现，地转偏向力确实存在，是地球由西向东自转过程中产生的一种惯性力。这是法国气象学家和工程师科里奥利发现的，所以又称"科氏力"。从观察到的一些现象可以看出，它确实影响了很多东西的旋转方向，比如洋流、龙卷风、大气云层等。

但这个力虽然存在，却很微弱。毕竟，地球一天才转一圈，速度非常慢，地转偏向力的影响力度当然也就非常小。所以，它只能对大尺度物体（如洋流）的运动产生影响，对小尺度物体（如脸盆里的水流）的运动很难产生影响。

由此可见，小尺度水流旋转方向的不同，更有可能是外部因素引起的，如塞子的螺纹、下水道的方向，或者拉塞子时手上力道的方向等。这些因素的影响要比地转偏向力的影响大得多。

于是，我找出视频又认真地看了一遍，发现了一件非常有趣的事情——当地人做实验时，有个非常微小的动作：拉完塞子的时候，轻推一下水，给水流一个影响方向的初始力。

原来，这才是实验的真相：水流旋涡是推出来的！

我继续往下深挖，又有一个新的发现：实验中的赤道线，其实根本不是赤道。

从定义上来说，赤道是垂直于地轴的。而地球的地轴，本来就不是真实存在的固定的轴，只是按照旋转方向虚拟出来的，地轴每年会有 15 米左右的移动。那么，垂直于地轴的赤道，也必然会产生一定的移动。这样一来，当年画的那条赤道线，早就不对应真正的赤道了。所以，以这条早就不对应真正的赤道的线为起点，往北 1 米或者往南 1 米，可能还是在北半球，或者还是在南半球。所以，这个实验可能只是当地人的一个"善意"的玩笑，用来娱乐游客的。

正因为有这番刨根问底的过程，我才能得到前述"专业"的结论：

第一，地转偏向力是存在的。

第二，地转偏向力只能影响大尺度物体的运动，小尺度物体的运动更多受环境的影响。

第三，旅游景点的"赤道线"不再对应真正的赤道。

你看，只有具有"刨根问底"的精神，才能把问题搞明白。

"刨根问底"还能怎么玩？

在位于赤道的城市，当地人可能会介绍赤道周长约为 40 076 千米。如果你有刨根问底的逻辑思维，你可能会想：咦？怎么赤道周长的数字这么"整"？如果你觉得可能只是一个巧合，那你就放弃了一个刨根问底的机会。

我首先会想，赤道周长的单位"千米"中的这个"米"是怎么定下来的呢？经过研究后我发现，这个问题太有意思了。

原来，最早是没有"米"这个度量单位的，后来人们跑到子午线上，用弧度仪测量出了从赤道到北极点的地表距离，再把这个长度的千万分之一定义为"米"。按照这个定义，赤道到北极点的距离就是 10 000 千米，是地球周长的四分之一，那么，地球的周长就是 40 000 千米了。所以，是先有了赤道到北极点的长度，才有了"米"，而不是先有了"米"再测量出赤道周长，这个逻辑是恰好相反的。

那么，为什么不是 40 000 千米整呢？这个就不难理解了，因为地球不是标准的球体，赤道周长比北极点处的周长要稍微长一点。

知道了"米"的定义之后，你可以接着刨根问底：这样定义出来的"米"太不靠谱了吧？万一地球稍微发生变化，导致这个距离变长或者变短，"米"不就变形了吗？这实在是太不严谨了。那么，今天的"米"还是这么定义的吗？

研究后你会发现，虽然一开始"米"确实是这么定义的，但后来人们觉得需要把这个距离固定下来，于是做了一个叫"米原器"的铂金棒，不管地球怎么变，米原器的长度都是 1 米。

但米原器也会受外界因素的影响，比如热胀冷缩，怎么办？另外，微观世界，如果不能用"米"做单位，有没有更好的办法？

人们接着想办法，后来找到了一种稳定的元素——"氪"，然后把氪 86 同位素的辐射波长的 1 650 763.73 倍定义为 1 米。用氪元素的波长来衡量"米"，精确度可以达到 0.001 微米，相当于一根头发直径的 1/100 000，已经相当精确了。

但是"氪"这个东西没那么容易取得，怎么办呢？于是，人们又想到了光，因为光速是恒定的。人们测量出了光在真空中 1 秒钟所走的距离，然后把这个距离的 1/299 792 458 定义为 1 米。从此，"米"就变成"光秒"的一个子集了。

所以，一旦你刨根问底往下追溯，你就把"米"的定义和历史都捋清楚了。

那"逻辑思维"还能怎么玩？到这里就结束了吗？其实你还能继续刨根问底。

比如，中国有个度量单位"尺"与"米"相关，1 米等于 3 尺，你有没有想过这是为什么？

在很久以前，中国就开始用"尺"这个单位，哪有这么凑巧，1 尺就恰好等于欧洲定出来的 1 米的 1/3 呢？肯定是其中一个单位迎合了另外一个单位。那是谁迎合了谁呢？你就要刨根问底了。

原来，大概在 1929 年，国民政府为了与国际接轨，统一了度量衡，把 1 尺定义为 1 米的 1/3。在此之前，"尺"的长度是不确定的，西汉时，约等于 0.231 米；宋朝时，约等于 0.317 米，接近 1 米的 1/3，所以，1930 年国民政府才会取一个近似的数：1/3。

同样的道理，你又可以想到另一个问题：公斤是不是也这样呢？

1 公斤等于 2 市斤，也是 1929 年国民政府定的。在此之前，人们用的计重单位叫"司马斤"，约等于今天的 600

克，而且是 16 进制，即 1 司马斤等于 16 两。"半斤八两"这个词就是这么来的。

今天，我国香港还用着司马斤的计重方式，你去香港买 1 两黄金，回来一称发现"短斤少两"，其实并不是这样。内地 1 两等于 50 克，而香港 1 两大概是 37.5 克。如果你觉得不公平，你去香港买 1 斤鱼试试，买回来一称，大约是 600 克，等于我们常说的 1 斤 2 两。这就是计重单位"斤"的定义不同造成的。

你看，从赤道的小实验不停地刨根问底，可以有很多不一样的发现，得出很多结论，这就是刨根问底的逻辑思维。

现在，你可以打开脑洞，想想看，"斤"的概念还能继续往下刨吗？或者再想想，你身边看到的那些习以为常的事件，是否真的是你以为的那样呢？

试试拿起刨根问底的"铲子"，用好奇心"刨"开这有趣的世界，也"刨"出你的逻辑思维吧。

四句话奠定基本的逻辑素养

那么，如何才能挖掘出自己的逻辑思维呢？有四句话可以帮助大家奠定基本的逻辑素养：证有不证无；以偏不概全；证有靠举例；概全靠推理（见图 2-12）。

什么意思？我们一个一个来说。

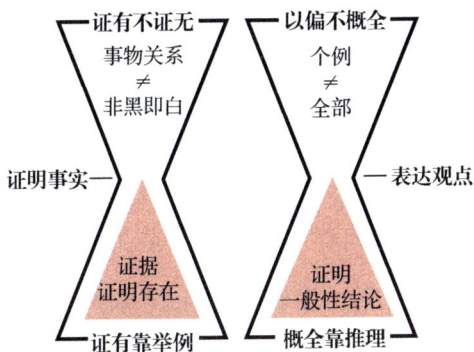

图 2-12 四句话建立基本的逻辑素养

1. 证有不证无

证明一件事情"有",很简单,举个例子就行。比如我看到过白乌鸦、黑天鹅,就证明它们是存在的。可是你要证明"天下乌鸦一般黑""天鹅都是白的",靠举例是不行的。你举 10 000 个例子,都不能证明没有黑天鹅,只能证明你没见到过白乌鸦、黑天鹅。

同样,你说西医是有效的,因为你亲眼看见医生救活了很多人,这是可行的。可是你要因此反驳中医都是无效的、骗人的,靠举例是不行的。你想证明"杀人放火金腰带,修桥补路无尸骸",赚钱的都不是好人,真正凭良心做生意是赚不到钱的,靠举例也是不行的。

很多时候,事物之间的关系并非"非黑即白",而是存在着博弈和多样性。

在进化岛社群里，曾有同学问我："真正凭良心做生意到底能不能赚到钱？"我回答他："也许你的心中有个错误的归因。凭良心做生意的人没赚到钱，问题通常不是因为他有良善的'心'，而是因为他没有商业的'脑'。不能把脑的问题，归于心。"

所以，在网上不要随便说"你就吹吧，我从来没见过，不可能有这种东西"，允许更多的可能性，你才能得到更多的机会。

2. 以偏不概全

你每天好好学习，有人叫你去打麻将，你不去，他说："读书有什么用？那个××，一本书也没读过，不也身家几千万了吗？"你怎么回答？你可以说："他的财富撒了谎。终身学习，才能大概率成功。我羡慕他，但是他的运气不一定会降临在我身上。"

你在研究产品战略、组织战略，有人对你说："研究什么战略？战略都是那些成功人士对自己过去的路径的总结和美化。你看，我哪有什么战略，不也走到了今天？蒙眼狂奔，杀出一条血路，就是我的战略。"你怎么回答？你可以说："你的成功撒了谎。以终为始，才能大概率成功。我祝福你，但是你的成功，不能复制到别的公司。"

你屡战屡败、屡败屡战，你做对了所有的事情，却依然错失城池。有人劝你："你还不如什么都不做呢。我劝你踏踏实实做人，找份安稳工作得了。"你怎么回答？你可以说："我的不幸撒了谎。正确的事情重复做，才能大概率成功。虽然我今天倒霉，但是我相信明天我成功的概率会更大。"

真正的高手看上去都很"傻"，把正确的（大概率成功的）事情重复做。

回到开头，很多人读完了大学，做了科学家、企业家甚至总统。你怎么可以用"我认识好几个人"的"偏"，来得出"读书没用"的"全"呢？

所以，在网上不要随便说"我有个朋友，每天碎片化学习，没发财，所以碎片化学习没用"。

3. 证有靠举例

证"有"是相对简单的。只要有钢铁般的证据，就能证明一件事存在。比如，这个世界上是有既聪明又勤奋的人的，比如雷军、库克、刘德华。

所以，在网上不要随便说"我相信就有"。你认为"有"，就要举出例子。举不出例子，就是假说。不要用一个假说，强行说服其他人认可你的观点。

4. 概全靠推理

所谓概全，就是得出一般性结论，只能靠证明，靠推理。比如，所有商品都是用来交换的，封建地租不是用来交换的，由此可以推论出，封建地租不是商品。

所以，在网上不要随便说"这难道不是共识吗？所有人都这么认为……"，这么说并不代表你的结论就是真理。不如利用你的逻辑思维来证明它。

逻辑闭环的五个层次

逻辑思维也有高下之分。生活中，我们会接触到各式各样的人，有时与一个人交谈片刻，便顿觉此人深不可测，十分厉害；而与另一个人交谈后，你会觉得这人也不错，很优秀，内心也很尊敬他，但是总感觉好像还差那么一点说不清道不明的东西。

这种感觉来自什么地方呢？其实，来自一套判断标准，即这个人在谈论问题时，大概在哪个层次上形成了自己的逻辑闭环。

什么意思呢？

我大概分五个层次来讲（见图2-13）。

第一层次：思维没有闭环，思考没有逻辑。你说A，他说B，两者之间的思维永远没有交集。

第二层次：思维没有闭环，思考有逻辑。有一些符合逻辑推理的观点，但观点时常左右徘徊，自相矛盾。

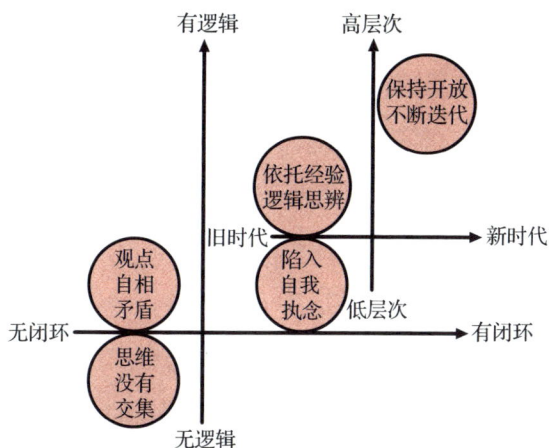

图 2-13　逻辑闭环的五个层次

　　这两个层次存在着明显的短板，那更高层次的思维逻辑模式是什么样的？

　　第三层次：思维有闭环，思考有逻辑，但闭环的层次比较低。

　　虽然形成了思维闭环，但如果这个闭环的层次比较低，也是一件比较可悲的事情。

　　为什么？

　　一个人一旦在低层次上形成了思维闭环，可能就无法前进了。因为所有的问题在他的思维闭环之中，都是可以解释的。

　　具体的表现可能是：对不同的观点，喜欢先认同，进而快速转折，反驳。当他问你一件事对不对的时候，你是没法反驳他的，因为他认为自己当然是"对"的。但是他的观点很虚无、无法落地，就像是飘在云端，看不清地面，也不知道操作细节。在这个层面上进行讨论，无法推动事情的发展，但是他享受于自己逻辑的完整性。一旦如此，也就意味着他的观点无法再落地了，对问题的讨论终究是空谈。

过往的经验反倒束缚了眼界和判断，而无法打破自己的思维闭环，就无法捅破那层看似很薄的窗户纸，无法上升至新境界。

同样是"思维有闭环，思考有逻辑"，层次还可以再提升。

第四层次：思维有闭环，思考有逻辑，且能在更高层次上形成思维闭环，思维闭环十分通透，直达本质。

处在这一层次的人举手投足间会流露出一股人格魅力，谈吐间有着逻辑的美，你会拜服于他过去的经验和他的知识结构，希望向他学习。

但是，第四层次的思维闭环同样存在问题。他对新事物总是抱有怀疑、排斥的心理，旧时代的结构一旦发生变化，他的闭环可能就会出现漏洞。他不愿承认漏洞，希冀用过往的认知体系来填补这个漏洞。当你用新的逻辑去看这个人的时候，你会发现曾经你特别敬仰的一个人在新时代却还在用旧时代的逻辑来解释新世界，这让你觉得十分可惜。因为，沿着旧地图，是找不到新大陆的。

第五层次：思维有闭环，思考有逻辑，且能在高层次上形成思维闭环，并始终保持不断打碎自己的开放心态。

处在这一层次的人的思维闭环永远开放，永远没有死环。他的思维是一圈圈螺旋式的，可以无限地往下延伸到深不可测的海底，也可以无限地向宇宙最深处延伸。

你会觉得特别可怕，这才是真正的高手。

他大量吸收新知识，无论风吹雨打从不间断，不断地去学习别人的逻辑框架，然后不断地往下延伸，往外延伸。在吸纳海量的新知识之后，他不断迭代逻辑层次，不断复盘，不断进行结构调整。

面对一次次打击后又重新站起来，这种人的思维结构永远如同初生的婴儿一般，这使他拥有着澎湃的生命力和无限的希望。

就算这种人现在的知识结构、知识量都不如你，你也绝对不能小看他，因为他的身体里潜伏着一头真龙，未来无可限量。

小提示　每个人都需要平衡。水平低的人，心气通常很高，用上帝视角俯视比他成功的人；水平高的人，心气反而很低，"已识乾坤大，犹怜草木青"。这就是平衡。

一件事情的真相，有千万种可能。看到一个事实，就可以排除一批假象。很多人往往只看到 3 ～ 5 个事实，就迫不及待地找到一个最符合自己价值观的当作真相。

离事实越远，离阴谋论就越近。

复利思维

每个人都有自己的"人生算法",把同样公平的机会放在很多人面前,不同的人生算法,会导致全然不同的选择。

网上有一个广为流传的经典公式是这样的:如果一个人每天都能进步 1%,一年之后,他的能力会提升 38 倍。相反地,如果他每天都退步 1%,一年之后,他的能力几乎都会消失殆尽。

这听起来是不是既"鸡汤"又警世呢?

$$(1+1\%)^{365} \approx 38$$

$$(1-1\%)^{365} \approx 0$$

还有一个很有名的例子:一个人存一笔钱,每年可获得 10% 的收益,一年之后连本带利再投资同一个项目,如此反复,大约 7 年后就可以达到本金翻倍的效果。

$$(1+10\%)^{7} \approx 2$$

我之所以举这两个例子,是因为虽然我要讲的是复利效应,但我们必须先破解一般人理解"复利"时存在的一些逻辑谬误。

很多人对上述两个例子中隐含的公式有很大的误解。如果我们把公式拆解开来,会发现复利公式中共包含 3 个变量,分别是期数、本金、收益率,并各自对应着 3 个最普遍的谬误。

期数谬误

人们对复利最大的认知谬误，来自对"期数"的不合理预估。

这里所说的"不合理"，是指"每天比前一天进步 1%"这件事情是极不合理的。

也许有人会说："可是我一天可以背 5 个单词啊！"一天背 5 个单词，一年下来就能背 1825 个单词，这是线性增长，而非指数级增长。不能把本该用加法计算的事情，用次方去计算。

复利公式的最大谬误，是用"天"作单位，使人们产生对期数的过度高估。

我们把期数拉进现实来看，比较合理的算法应该是用"年"作单位。用"年"作单位后，你会发现，要达到 365 次方，根本是不可能完成的任务。受限于人类的寿命，要达到年复利的 365 次方，要靠大约 10 代人的传承，才能完成这项使命。

365 次方的确是一个非常美好的设想，可惜现实生活中并不存在。

我们先举个比较普遍的例子。现在银行一年期定存利率大约为 1.5%，这几乎是无风险利率了。

假设一个人从 22 岁开始投入 1 元存银行定期，且利息持续滚入本金，存到 60 岁退休，根据复利效应，38 年后，他当初的 1 元存款会变成 1.76 元。是的，你没有看错，38 年的总收益率只有 76%。

这个结果可能会让许多人大失所望，但我们必须认清现实。复利的财富效应远远没有我们想象的那么快，因为我们很容易把期数想多了。你以为你随随便便就能达到 365 次方，但事实上，你用一辈子的时间可能才达到 38 次方。

复利效应谬误

回到一开始的 7 年翻一番的例子，这里假设的是每年可获得 10% 的收益，7 年的总收益率约是 100%。

7 年翻倍，听上去不错吧？

那么，如果你不用连本带利的逻辑呢？如果你只是把本金存到银行，按单利算，7 年的总收益率是 10%×7=70%，和 100% 其实并没有差太多。

所以，不要把成果都归功于利滚利，以 7 年为期，你大部分的收益还是来自你的本金所带来的利息，而不是利滚利。

太多人把复利当成一个快速致富的通道。切记，复利效应不是暴富效应，相反，它恰恰是一个极度仰赖长期的概念。复利需要足够长的时间酝酿发酵，可能是一辈子，也可能是几代人的时间。

总之，对绝大多数人来说，复利效应在短期之内是绝对无法体现的。

收益率谬误

我们每个人都幻想能够达到巴菲特那样的投资收益水平，也乐观地相信自己有可能达到。的确，有些眼光非常独到的基金经理人有办法在长达 30 年左右的时间里维持年化收益率在 30% 以上，整体算下来是约 2600 倍的收益。

看到了吗？复利效应真正诱人的地方，是收益率。高收益率才是复利效应的核心。

巴菲特真正令人折服的地方，不在于他彻底贯彻复利效应，而是他有办法维持 30% 的年化收益率长达 30 年。

讲一个小故事。巴菲特在 2005 年时立下一个赌局，向那些自信的金融专家发起挑战，他出 100 万美元，由那些专家们随便挑 5 只基金，如果它们的 10 年总收益率能跑赢大盘，巴菲特就认输。

没有人敢接受挑战。直到 2008 年，美国职业投资经理人、普罗蒂杰公司（Protege Partners）的创始合伙人之一泰德·西德斯站了出来，精心挑选了 5 只基金挑战巴菲特。

结果呢？

到 2018 年赌约到期，标普指数增长了 85.4%，而西德斯挑选的 5 只基金的 10 年总收益率为：8.7%、28.3%、62.8%、

2.9%、7.5%。其中，表现最好的一只基金的 10 年总收益率是 62.8%，但用复利公式换算为年化收益率，也不过是 5% 而已。

所以你现在知道了，长期稳定的高收益，几乎是天方夜谭。复利公式的核心"高收益率"，在大多数情况下并不存在。你只看到别人赢，却没有看到别人输；你只看到短期赢，却没有看到长期输。在复利效应要求的长期内，高收益率几乎无法实现。

再者，在这场赌局中获胜的"标普指数"，用复利公式换算为年化收益率，也就是 6.36% 而已。而且这 6.36% 还要归功于 2008 年美国金融危机后连续 10 年的经济复苏，要是再遭遇一次金融海啸，是否能有同样的收益率还未可知。

打开复利效应的正确姿势

那么，什么才算是正确地理解复利效应呢？

每每讲到复利效应，人们很容易把它跟一个词联系在一起，那就是"财富自由"。我们可以结合复利效应，把"财富自由"用公式来表示：

$$本金（1+收益率）^{时间}-欲望=财富自由$$

简单来说，这个公式指的是只要非劳动收入大于消费欲望，就达到了财富自由。

基于这个公式，我们可以得到下列三种"财富自由"的方法论。

1. 无欲无求式财富自由

佛教认为欲望是导致痛苦的根源，当赚钱的速度跟不上欲望膨胀的速度时，你就永远得不到满足。所以，人要学会降低欲望，从免费的资源（比如阳光、空气、与家人的交流）中体会快乐与满足。从这个角度来说，只要吃得上饭，就是财富自由。

$$本金（1+收益率）^{时间}-欲望\downarrow=财富自由$$

2. 三生三世式财富自由

如果不想降低欲望，怎么办呢？那就用时间换。但是你要对"时间"有充分的耐心。理论上，只要每期收益扣除通货膨胀后是正的，你的钱放的时间越长，最后获得的回报就越多。但是，这个时间的长度，可能要三生三世。

这就是为什么人们说"穷不过三代"。只要存放的时间能打破人类寿命的限制，不以一生为单位，长期积累下来，你绝对能够留下一笔可观的财富给后代。

为你的儿子的儿子的儿子的财富自由而努力吧！

有人会说："我能理解复利效应是一个长期而缓慢的过程，可是我一定要存三生三世吗？我难道不能在我这一代就享受成果吗？"当然可以，但前提是尽可能早开始。多早？

从你 6 岁拿到 5000 元的压岁钱开始存钱，一直存到 76 岁，假设你能连续 70 年获得平均 5% 的年化收益率（你要理解，这已经是神一样的投资者收益水平了），70 年之后你的收益率就可达到 30.4 倍，即 5000 元变为 15 万多元。

不想三生三世，就"用压岁钱养老"。只要你每年比前一年多存一些压岁钱，退休之后，这些积蓄便足以维持你很多年的生活了。

$$本金（1+收益率）^{时间\uparrow} - 欲望 = 财富自由$$

3. 第一桶金式财富自由

现在你已经明白了，有多大的收益率，就有多大的风险。在漫长的时间内，期待低风险的高收益，是不现实的。

下面我们假设，你和有勇气与巴菲特打赌的西德斯一样，能在几十年内持续获得 5% 的年化收益率——这已经很不容易了，要知道他选的另外 4 只基金表现更加惨不忍睹。那么，我们来算一笔账，你到底怎样才能实现财富自由？

让我们以终为始，从退休后的人生规划倒推回现在：

假设我希望退休后每月至少有 5 万元用于看病、出国旅游等消费，那么，这意味着我每年要有 60 万元的净现金流入。这 60 万元不是本金，而是按 5% 收益率投资得来的投资收益，那么，60 万元除以 5%，我的本金至少得有

1200 万元。

那我要从什么时候开始存钱呢？大学刚毕业时，能存的钱很有限，大概要等到工作七八年后，才有办法损益两平，所以就从 30 岁开始存吧！

怎么存呢？有两种方式，第一种是我想尽办法省吃俭用，在 30 岁时，存到第一桶金，之后就不存钱了，只靠利滚利；第二种则是我每年定期存入固定的金额，持续投入 30 年。

那么，第一个问题来了：30 岁时我要存多少钱，用 5% 的年化收益率利滚利，滚 30 年能获得 1200 万元呢？大概是 300 万元。紧接着，第二个问题也来了：你 30 岁的时候，300 万元存款从哪里来？只能来自你的第一桶金。

第一桶金，也就是复利公式里的本金，是财富自由的最大权重。我们看世界富豪榜的前 100 名，其中 90 名以上都是靠第一桶金获得财富自由的，而不是靠复利公式。

2017 年，全球首富比尔·盖茨的财富大约是 800 多亿美元。很多人说，这 800 多亿美元已经不是来自微软的股票了，而是来自投资。是的，没错。但如果他当年没有卖掉微软的股票去投资的话，他的财富会有约 2900 亿美元。

创造财富，而不是靠财富自己创造财富，才是获得财富自由的真谛。

$$本金 \uparrow (1+ 收益率)^{时间} - 欲望 = 财富自由$$

小提示

理解了真正的"复利公式",以及获得财富自由的三种方法——"无欲无求式财富自由""三生三世式财富自由"和"第一桶金式财富自由"后,我给大家一个人生建议:早期靠本金,后期靠复利。

最后,给大家几点建议:

一是尽早存到足够的本金。获得财富自由的第一重要的事,是培养赚钱的能力。赚钱要靠本金,而不是靠复利。你都没有本金,哪来的钱生钱呢?

二是努力做到稳健高收益。找到高收益的投资不难,识别背后的风险很难。你看中的是别人的利息,别人看中的是你的本金。

三是让时间证明它的力量。要有把压岁钱存成养老金的耐心,认清复利效应从来都不是暴富的手段。

四是降低自身的贪念与欲望。不要看到别人买车就要买游艇,看到别人买游艇就要买专机。欲望是无法填平的沟壑,只能降低。

做到以上这几点,你才能离财富自由更近一些。

概率思维

如果现在有两个按钮，按下红色按钮，你可以直接拿走100 万美元；按下蓝色按钮，你有一半的可能性，可以拿到1 亿美元，但还有一半的可能性，你什么都拿不到。你会选哪一个？

你会按红色按钮，直接拿走 100 万美元，落袋为安，还是赌一下，按蓝色按钮？万一拿到 1 亿美元，人生的"小目标"不就实现了吗？可是，万一什么都没拿到，怎么办？还不如按红色按钮，虽然得到的比 1 亿美元少很多，但至少也有 100 万美元。

这就是我之前讲过的"确定效应"。

"二鸟在林，不如一鸟在手"，大部分人不愿意为了看似更大的收益冒风险，他们更喜欢虽然小一点但是确定的收益。"确定效应"就是他们的人生算法。

但是，其实这道选择题，是有正确答案的。如果你学过《5 分钟商学院》第一季的"决策树"，你就会知道，蓝色按钮对应的"期望值"（为 50%×1 亿 +50%×0=5000 万美元）更大，是最理性的选择。"决策树"就是你的人生算法。

可是，即便按蓝色按钮是最正确、最理性的选择，很多人还是会担忧："我还是有一半的可能性什么都拿不到啊，怎么办？有没有一种办法，让我能确定地获得比 100 万美元更大的收益，增加我赢的概率呢？"当然有。

我在"确定效应"那节课中讲过，你可以去找一个投资人，把这个项目以低于"期望值"（5000万美元）的价格卖给他，比如2000万美元，这样，你就可以落袋为安，获得确定的2000万美元，而他则获得了3000万美元的期望利润（5000万美元期望收益减去2000万美元成本）。这就是基于概率思维的另一种人生算法。

不同的人生算法，导致不同的选择，从而使人们获得完全不同的人生。

而概率思维就是很多成功人士最基础的人生算法，那么，到底什么是概率思维？

在微软GTEC（全球技术支持中心）二十周年的聚会上，我曾经访谈过原子创投的创始人冯一名，他成功投资了途虎养车网等众多独角兽巨头。访谈中，他提出一个令人印象深刻的观点："大家要有一个清醒的认识，创业成功非常重要的因素之一就是运气。"这听起来非常"政治不正确"，因为大多数人更愿意听到"创业靠的是努力和勤奋"。

什么是运气？运气就是概率，只不过加了一点感情色彩。对我们有利的概率，我们称之为"走运"；对我们不利的概率，我们称之为"倒霉"。所谓"创业靠运气"，去掉感情色彩，即创业成功非常重要的因素之一就是概率。

我过去也分享过这个观点：在创业路上，你就算尽了一切努力，做对了所有事情，依然有 95% 是要靠运气，也就是概率的。这句话听上去很让人泄气，但的确是一个创业者无法逃脱的规律。只有理解了这个规律，你才会做出正确的选择，形成概率思维。

在今天这个急速变化的时代，概率思维是非常重要的一种思维模式，尤其在创业领域。概率思维是很多成功者的思维逻辑，如果你问为什么，他们甚至会觉得："啊？这还用解释吗？""只要努力就能成功"，反而被认为是一种失败的思维方式。

你也许会觉得这些人太无知了，觉得他们语不惊人死不休，但是别急，接下来，我们就来聊聊概率思维。

从创业的第一天开始，你每天甚至每小时都会面临无数的决策，有些决策你觉得很重大，有些你觉得微不足道。但是你觉得重大的决策，未必真的重大，可能只是让你觉得很痛而已。

就像我之前讲过的"幸存者偏见"，机翼上的弹孔让你感到很疼，但是你飞回来了，于是觉得自己很了不起。而轻轻蹭过飞机头部或尾部、一旦击中就会导致机毁人亡的子弹，却没能引起你的关注。

你认为你的成功是因为努力扛住了机翼上的弹孔，但真正的原因，可能只是子弹"碰巧"没打中飞行员或者油箱。

为什么会这样？因为我们大多数的决策，都是"不完全信息决策"。

如果确定选 A 就能赚 5 块钱，选 B 就赚不到钱，我们肯定会选 A。这种掌握了全部信息的决策，是完全信息决策。但现实是选 A 或选 B 具体赚多少钱，并没有准确的数据，A 和 B 之外有没有别的选项我们也不清楚。在这种不完全信息决策的情况下，不是靠你的聪明才智或者努力，就一定能做出正确决策的。

你再聪明、再努力，决策都有可能是错的，这个可能性或失败的概率，来自决策信息的不完全。如果无论选 A 还是选 B 都有 50% 的概率会错，这就相当于你抛了一枚硬币，你猜中是正面，就继续往下走一步，若猜错，一切就结束了。这与聪明才智无关，是信息不完全带来的"概率问题"。

假如你能走到下一步，又将面临新的决策，决策信息永远是不完全的。比如，选 A 有 50% 的可能性赚 100 元，选 B 有 30% 的可能性赚 50 元，那么你是选 A 还是选 B 呢？

学过《5 分钟商学院》中"概率树"那一课的同学都知道：选 A，你的期望收益是 50%×100=50 元；选 B，你的期望收益是 30%×50=15 元。因此，选 A 是正确的决策。但是即使是正确的决策，选 A 依然有 50% 的可能性是赚不到钱的。也就是说，选 A 是一个相对正确的决策，但它依然有可能是错的。如果这次你猜对了，你又可以往前走一步，当然也可能猜错就走不了了。

到目前为止，只是经过两次决策，你能再往下走的概率就只有 50%×50%，也就是 25% 了。以此类推，一路决策下来，你每天有多大概率是走不下去的？可见，最后你能走向成功，95% 要靠概率，这个说法并不夸张。

所以，我们既要相信努力的必要性，也要明白，完全不受我们控制的概率对于创业的重要性。

我这样说，不是为了打击大家的创业积极性，而是为了让大家理解概率，并且在承认概率之后能找到一些方法对冲概率，降低概率对我们的影响。

那如何对冲概率呢？首要方法是找到大概率成功的事情。

时代

时代所带来的概率优势是极其巨大的，它能帮助顺应时代的人获得巨大的成功。

2017 年"双 11"购物节，天猫的总交易额是 1682 亿元，这个数字相当于蒙古国两年 GDP 的总和，是非常令人震撼的。阿里巴巴在公布这个数字的时候，还公开了一个数字——无线成交占比 90%，也就是说，在这个时代，90% 的人是通过手机下单的。

这是什么概念呢？

淘宝是在 PC 上卖东西起家的，在过去那个时代，人们都认为，12 英寸屏幕展示的商品信息更加全面，5 英寸屏幕并不能全面展示产品的特质。但是看到无线成交占比 90% 这个数字后，你就要意识到时代改变了，你必须顺应时代，必须在 5 英寸屏幕上把产品的特质介绍清楚，这样才能抓住时代所带来的概率优势。

还有一些商业模式，比如卖域名，就不再是时代的趋势了。域名是 PC 时代通过浏览器访问公司网站或商业网站的入口，美图的董事长蔡文胜就是靠投资域名起家的。而在移动时代，手机的入口是分散的，域名没有以前那么重要了。如今，囤域名、卖域名还是一门生意，但是已经没有时代所带来的优势了，所以你靠域名来发家的概率就会下降。

时代是对冲概率的第一要素，我把它排在"千位"。

战略

排在"百位"的是战略。

我有一位好朋友，29 岁从微软辞职，专职炒股。但他炒股不是靠看 K 线图、找消息。他数学特别好，人也特别聪明，他通过建立数学模型找到股票市场上的套利机会，做量化交易。

我记得十几年前，他一天赚的钱就常常比我一年赚的钱都要多。我曾经问他，成功的要诀是什么？他的回答是，要有自己独立的战略，坚定地执行自己的模型。

比如，他建一个数学模型需要进行 100 次交易，可能前 3 次交易赚了钱，第 4 次交易赔钱了，第 5 次、第 6 次交易又赔钱了。这时，心态就变得很重要，如果心态不好，很可能会怀疑自己的模型有问题。这是最考验人的时候，你要相信，你能赢不是靠消息，而是靠模型，靠战略，靠判断力。所以赔的时候也要坚定地执行下去，因为这是个概率游戏。

所以，战略也是专门用来对冲概率的。

再举个例子，过去中国企业有种非常重要的战略，叫作跟随性战略。德国制造业做得比我们好，日本服务业做得比我们好，美国高科技行业做得比我们好，我们就选择跟随。他们走在前面，我们在后面跟着。走到路口，有人向左转，有人向右转。向右转的人都失败了，我们只向向左转的那些人学习。这就是跟随性战略。如果你向右转了，那么你再聪明、再努力、再懂管理都没用，因为已经"跌落悬崖"了。跟随性战略就相当于别人帮我们排除了一定的失败可能性。

再比如，互联网有一个基本逻辑叫网络效应，网络效应会导致赢家通吃，最终形成"721"的格局。快鱼吃慢鱼，能最快形成网络效应的就是赢家，我们将这一战略称为"快鱼战略"。如果你要做互联网创业项目，那么快鱼战略是最重要的战略。

过去，团购网站一度打得不可开交，最终美团和大众点评成为赢家。[⊖]如果你现在才去做团购，恐怕已经没有机会了，没有人会向这个领域投资。打车软件领域也曾竞争激

⊖ 2015 年 10 月 8 日，美团与大众点评宣布合并。

烈，但在滴滴和快的成为赢家⊖之后，游戏就结束了。

还有一些人相信慢就是快，在他们看来，只有慢慢来，最后才能走得很快。这种说法不是没有道理，但是在互联网创业领域就是"找死"。因为在平台战略下，快是必须的。一旦慢下来，即使你管理水平再高，也必死无疑。

很多人看一些互联网公司觉得很奇怪，比如美团 CEO 王兴自己也承认早期管理一塌糊涂，连有多少名员工都没办法搞清楚，但它们为什么还能快速增长？正是因为战略选对了，极大地对冲了概率。在这个战略下，"快"比"好"来得重要。

治理

排在"十位"的是治理。

治理是指董事会对整个公司管理层的结构化设计，比如股权制度、合伙人制度等。

我们经常说"结构不对，什么都不对"。举个例子，如果两个人合伙创业，各持 50% 的股份，那么他们的公司大概率很难获得发展。因为在创业路上有很多决策要做，而他们的股份相同，这也就意味着谁也不会听谁的。由于公司没有核心领导者，大家就会吵得不可开交，最后导致公司"死"在山脚下。

再看一种极端情况，一个创始人持 98% 的股份，另外两

⊖ 2015 年 2 月 14 日，滴滴打车与快的打车宣布战略合并。

个创始人各持 1%。投资人问持股 98% 的创始人："为什么其他人只占 1%？"这位创始人说因为他们只值 1%。投资人很可能会跟他说"你也不值 98%"，因为他没找到能够跟他合伙创业的人，只持 1% 股份的合伙人根本就不能算是合伙人。在如今这个时代，单打独斗是无法获得成功的。

不管是 50%∶50%，还是 98%∶1%∶1%，结构不对，大概率都会失败。如果在千位、百位、十位上踏错半步，后面再多的努力也显得微不足道。

管理

排在"个位"的是管理。

你有没有找对人，有没有合适的奖金制度，有没有梳理好流程，有没有设计好员工激励计划，有没有做一些企业文化建设和团队建设工作，有没有进行充分的沟通，有没有进行员工跨组调动和沟通等，这些都属于管理问题。

管理非常重要，也是用来对冲概率的。如果你没有做好管理，你的成功概率也会降低。

> **小提示**　概率思维是你要心平气和地承认，就算你做对了所有事情，你成功的概率也可能不高，比如在今天的互联网行业，成功的概率可能只有约 5%；在认识到这一点之后，再思考应该用什么方式提高成功的概率。

在"千位"上，你可以通过把握时代的脉搏提高 12%
的成功概率；在"百位"上，你可以通过选对战略再提
高 5%；在"十位"上，你可以通过设计好组织结构又
提高 2%；最后在"个位"上，你可以通过做好管理提
高 1%。综合计算，你的成功概率一共提高了 20%，加
上原来的 5%，你的成功概率就变成了 25%。

有 25% 的概率获得成功，希望已经很大了，但是依然
有 75% 的概率会失败，怎么办？那就再来一次。如果
你曾连续创业四次，每次的成功概率都是 25%，那么
四次里面有一次成功就是一个比较大概率的事件了。

概率思维，是这个时代成功者所共有的底层思维。唯有
理解并善用概率思维，去增加好运气，避开大坑和陷
阱，创业者才可能在成功的路上走得更远。

数学思维

吴军老师是我特别敬佩的一位老师。他是计算机科学家、自然语言处理技术的先驱者、谷歌公司的智能搜索科学家、腾讯公司的前副总裁，同时也是硅谷著名风险投资人、畅销书作家。

他著有《数学之美》《浪潮之巅》《硅谷之谜》《智能时代》《文明之光》《大学之路》《全球科技通史》《见识》《态度》等，本本都是超级畅销书。我和我的儿子小米，都是他的书迷。

同时，他还是教育专家、古典音乐迷、优秀的红酒鉴赏家，酷爱逛博物馆，见过 90% 以上世界名画的真迹，精通历史、艺术、哲学、摄影、投资、商业……他在任何一个领域的成就单拿出来，都让普通人望尘莫及。

吴军老师在得到 App 上开设了六门课程，分别是《硅谷来信》《谷歌方法论》《信息论 40 讲》《科技史纲 60 讲》《吴军讲 5G》以及《数学通识 50 讲》。从信息论到科技史，到 5G 通信技术，再到数学，吴军老师的涉猎之广、研究之深，让人深深叹服。

我特别喜欢跟吴军老师聊天，每一次聊天都让我收获巨大。有一次，趁着吴军老师回国，我约他吃饭聊天。下面我就把我和吴军老师的部分聊天内容分享给你。

信息论、科技史、谷歌方法论、5G、数学……我一直特别好奇，吴军老师的大脑是怎么装下这么多东西，又理解得如此深刻的。吴军老师说，他所讲的这些内容，其实都是他工作以来的沉淀。

吴军老师是美国约翰·霍普金斯大学的计算机博士，后来在谷歌担任智能搜索科学家。他所研究的内容是语音识别和自然语言处理，这需要有非常深厚的信息论、信息技术、通信技术以及数学功底。而他的课程内容，就来自这些积累。区别在于，做成课程需要用更通俗的方式，把那些晦涩的专业知识讲出来，让每个人都能够听懂。

吴军老师有一门课是《数学通识50讲》，为什么选择讲数学呢？

"数学"这个主题，是很多老师（比如我，虽然我大学时读的就是数学专业）想讲却不敢讲的，因为它太难了。"数学"这两个字，简直是很多人的噩梦，甚至有同学在填报高考志愿的时候说："只要不学数学，让我干什么都可以！"

确实，数学很难。很多人学了十几年数学，直到走上工作岗位，还不知道数学到底有什么用。除了相关专业的工程师，现在有几个人还记得大学学过的微积分、概率论和线性代数？

那么，学数学到底有什么用？作为一个普通人，也要学数学吗？

吴军老师说，是的，每个人都一定要学数学，因为它实在太有用了。

学数学，对大部分人来说，不是为了解数学题，也不是为了当数学家，而是为了培养数学思维。数学思维不仅能让你站到更高的高度，开拓你的眼界，还能帮你了解一些正确的常识，让你少走弯路，并且让你在人生的每一个岔路口都有更多的选择。

今天我能够给企业做战略咨询，能够快速洞察一个事物的本质，最根本的能力就来自数学思维。

很多人会说："数学太难了，我学不会怎么办？"其实，解数学题也许很难，数学考试拿满分也许很难，但是，只要你愿意，培养自己的数学思维并不难。

下面我介绍五种数学思维。这五种数学思维，让吴军老师和我自己都受益匪浅。

从不确定性中找到确定性

第一种数学思维，源于概率论，叫作"从不确定性中找到确定性"（见图 2-14）。

假如一件事情的成功概率是 20%，是不是就意味着，我重复做这件事 5 次[⊖]，就一定能成功呢？很多人会这样想，但事实并不是这样。如果我们把成功概率达到 95% 定义为成

⊖　假设每次尝试彼此独立，成功概率不变。

功，那么把这件 20% 成功概率的事做成功，你需要重复做
14 次。换句话说，你只要把这件 20% 成功概率的事重复做
14 次，你就有 95% 的概率能做成。

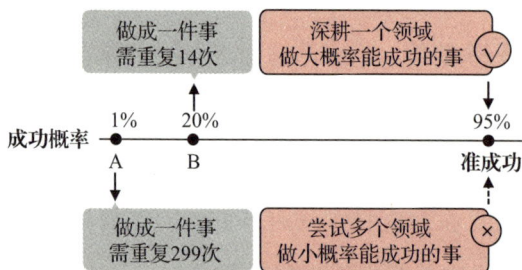

图 2-14　从不确定性中找到确定性

计算过程如下，对公式头疼的朋友可以直接略过。

做 1 次失败的概率为：1-20%=80%

重复做 n 次都失败的概率为：$80\%^n$=1-95%=5%（重复
做 n 次至少有 1 次成功的概率是 95%，就相当于重复做 n 次
都失败的概率是 5%）

$$n=\log_{0.8}^{0.05} \approx 14$$

所以，重复做 14 次，你的成功概率能达到 95%。

如果你要达到 99% 的成功概率，那么你需要重复做 21 次。

$$n=\log_{0.8}^{0.01} \approx 21$$

那想达到 100% 的成功概率呢？对不起，这个世界上没有
100% 的成功概率。所有人想要做成事，都需要一点点运气。

我们经常说"正确的事情，要重复做"，这其实就是概

率论的通俗表述。

所谓"正确的事情"，就是指大概率能成功的事情。而所谓的"重复"是什么意思？其实，学会了概率论，我们就对重复这件事有了定量的理解。

在商业世界中，20% 的成功概率已经不算小了，毕竟，你只要把这件事重复做 14 次，你的成功概率就能达到 95%。

理解了这一点，你就会知道，创业一次就成功的概率太小了，所以，你在融资的时候，不能只做融资一次的打算，而是需要做融资更多次的打算。

很多人还想过另一个问题：假如我在一个领域取得成功的概率是 1%，那么我同时做 20 个领域，是不是与在一个领域达到 20% 的成功概率一样？

如果我们依然把成功概率达到 95% 定义为成功，那么把 1% 成功概率的事情做成功，你需要重复做 299 次。而这，还只是一个领域。

这就像很多人会问："我是成为一个全才，把 20 个领域都试个遍更容易成功，还是成为一个专才，在一个领域深耕更容易成功？"概率论会告诉你，成为一个专才，成功的可能性更大。

理解了这一点，你就会明白，创业要专注，不要做太多事。如果做太多事，你本来 20% 的成功概率就只剩 1% 了，你成功的可能性就会更小。

你看，虽然这个世界上没有100%的成功概率，但是只要重复做大概率成功的事情，你成功的概率就能够接近100%。这就是从不确定性中找到确定性，也是概率论教会我们最重要的思维方式。

我们学习概率论，不是为了去算题，而是为了理解这种思考方法，这样，在做人生选择的时候，就能选对那条大概率成功的道路。

用动态的眼光看问题

第二种数学思维，源于微积分，叫作"用动态的眼光看问题"（见图 2-15）。

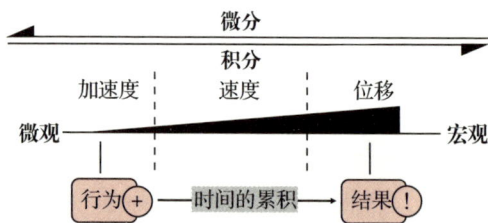

图 2-15　用动态的眼光看问题

很多人一听到"微积分"，就会想起那些复杂的微分方程、积分方程，就会头疼。别怕，我们不谈方程，只谈微积分的思维方式。微积分的思维方式其实特别简单，也正因为简单到极致，所以非常漂亮。

　　微积分是牛顿发明的，他为什么要发明微积分呢？是为了"虐"后世的我们吗？当然不是。

　　其实在牛顿以前，人们对速度这些变量的了解仅限于平均值的层面。比如，知道一段距离的长短和走完这段距离的时间，就可以算出一个平均速度，但是，对于每个瞬间的速度，人们并不了解。于是，牛顿就发明了微分，用"无穷小"这种概念来帮助我们把握瞬间的规律。而积分与微分正好相反，它反映的是瞬间变量的累积效应。

　　那么，到底什么是微积分？

　　我举个简单的例子。一个物体静止不动，你推它一把，会瞬间产生一个加速度。但有了加速度，并不会瞬间产生速度。只有在加速度累积一段时间后，才会产生速度。而有了速度，并不会瞬间产生位移。只有在速度累积一段时间后，才会产生位移。

　　宏观上，我们看到的是位移；微观上，整个过程是从加速度开始累积的。加速度累积，变成速度；速度累积，变成位移。这就是积分。

　　反过来说，物体之所以会产生位移，是因为速度经过了一段时间的累积。而物体之所以会有速度，是因为加速度经过了一段时间的累积。位移（相对于时间）的一阶导数，是速度。而速度（相对于时间）的一阶导数，是加速度。宏观上我们看到的位移，在微观上其实是每一个瞬间速度的累积。而位移的导数，就是从宏观回到微观，去观察它"瞬间"的速度。这就是微分。

那么，微积分对我们的日常生活到底有什么用呢？

理解了微积分，你看问题的眼光，就会从静态变为动态。

加速度累积，变成速度；速度累积，变成位移。其实人也是一样。你今天晚上努力学习了，但是一晚上的努力，并不会直接变成你的能力。你的努力，得累积一段时间，才会变成你的能力。而你有了能力，并不会马上做出成绩。你的能力，得累积一段时间，才会变成你的成绩。而你有了一次成绩，并不会马上得到领导的赏识。你的成绩，得累积一段时间，才会使你得到领导的赏识。

从努力到能力，到成绩，再到得到领导的赏识，是有一个过程的，有一个积分的效应。

但是你会发现，生活中有很多人，在开始努力的第一天就会抱怨："我今天这么努力，领导为什么不赏识我？"他忘了，想要得到领导的赏识，还需要一个积分的效应。

反过来说，有的人可能一直以来把工作都做得很好，但是从某个时候开始，因为一些原因，慢慢懈怠了。他的努力程度下降了，但是他的能力并不会马上跟着下降。可能过了三四个月，能力的下降才会慢慢显示出来，他会发现做事情不像以前那么得心应手了。又过了三四个月，他做出来的东西，领导开始越来越看不上了。在某一瞬间，很多人会觉得"有什么大不了的，我不过就是这一件事没做好呗"，但他忘了，这其实是一个积分效应，早在七八个月前他不努力的时候，就给这样的结果埋下了种子。

努力的时候，希望瞬间得到认可；出了问题后，不去想几个月之前的懈怠。这是很多人都容易走进的思维误区。

而如果你理解了微积分的思维方式，能够用动态的眼光看问题，你就会慢慢体会到，努力需要很长时间才会得到认可；你就会拥有一个平衡的心态，避免陷入误区。

吴军老师经常讲一句话，叫作"莫欺少年穷"。其实，从本质上来说，这也体现了微积分的思维方式。少年虽穷，当下的积累还很少，但是，只要他的增速（用数学语言来说，叫导数）够快，经过五年、十年，他的积累会非常丰厚。

吴军老师还给年轻人提过一个建议：不要在乎你的第一份薪水。这其实也体现了微积分的思维方式。一开始拿多少钱不重要，重要的是增速（导数）。

微积分的思维方式，从本质上来说，就是用动态的眼光看问题。一件事情的结果，并不是瞬间产生的，而是长期以来的累积效应造成的。出了问题，不要只看当时那个瞬间，只有从宏观一直追溯（求导）到微观，才能找到问题的根源所在。

公理体系

第三种数学思维，源于几何学，叫作公理体系（见图2-16）。

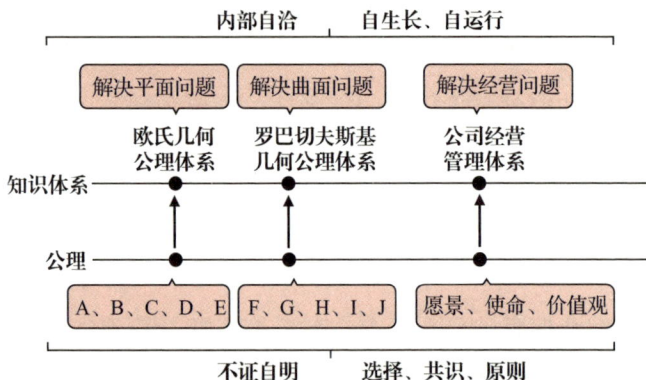

图 2-16　公理体系

什么是公理体系？比如，几何学有一个分支，叫作欧几里得几何，也被称为欧氏几何。欧氏几何有五条最基本的公理：

（1）任意两个点可以通过一条直线连接。

（2）任意线段能无限延长成一条直线。

（3）给定任意线段，可以其一个端点为圆心，该线段为半径作圆。

（4）所有直角都彼此相等。

（5）若两条直线都与第三条直线相交，并且在同一边的内角之和小于两个直角和，则这两条直线在这一边必定相交。

公理，是具有自明性并且被公认的命题。在欧氏几何中，其他所有的定理（或者说命题），都是以这五条公理为出发点，利用纯逻辑推理的方法推导出来的。

从这五条公理出发，可以推导出无数条定理。比如：每一条线的角度都是 180 度；三角形的内角和等于 180 度；过直线外的一点，有且只有的一条直线和已知直线平行……这构成了欧氏几何庞大的公理体系。

如果说公理体系是一棵大树，那么公理就是大树的树根。

而在几何学的另一个分支罗巴切夫斯基几何中，它的公理体系又不一样了。

从罗巴切夫斯基几何的公理出发，可以推导出这样的定理：三角形的内角和小于 180 度；过直线外的一点，至少有两条直线和已知直线平行。这跟欧氏几何是完全不同的。（罗巴切夫斯基几何虽然看上去好像违反常识，但它解决的主要是曲面上的几何问题，和欧氏几何并不冲突。）

因为公理不同，所以推导出来的定理就不同，因此罗巴切夫斯基几何的公理体系和欧氏几何的公理体系也完全不同。

在几何学中，一旦制定了不同的公理，就会得到完全不同的知识体系。这就是"公理体系"思维。

这种思维在我们的生活中非常重要，比如，每家公司都有自己的愿景、使命、价值观，或者说基因和文化。因为愿景、使命、价值观不同，公司与公司之间的行为和决策差异就会很大。

一家公司的愿景、使命、价值观，其实就相当于这家公司的公理。公理直接决定了这家公司的各种行为往哪个方向发展。所有的规章制度、工作流程、决策行为，都是在愿景、使命、价值观这些公理上生长出来的定理。它们构成了这家公司的公理体系。

而这个公理体系，一定是完全自洽的。什么叫完全自洽？就是一家公司一旦有了完备的公理体系，其实就不需要老板来做决定了，因为公理能推导出所有的定理。不管公司以后会怎么发展，会遇到什么新问题，只要有公理存在，就会演绎出一套能够解决新问题的新法则（定理）。

如果你发现你的公司每天都需要老板来做决定，或者公司的规章制度、工作流程、决策行为和公司的愿景、使命、价值观不符，那么说明公司的公理体系还不完备，或者你的推导过程出现了问题。这个时候，你就需要修修补补，将公司的公理体系一步步搭建起来。

我曾跟小伙伴说："我在公司只做三件事，设置责权利、捍卫价值观和做一只安静的内容奶牛。关于责权利，我们只有一条公理——创造最大价值的人，获得最大的收益。所有的制度安排，都是我用我有限的智商，根据这条公理推演出的定理。任何制度安排（定理），如果违背了唯一的公理，那一定是我的智商不够用导致的。我会为我的智商道歉，然后坚定地修改制度安排（定理）。如果我拒不改正，或者动摇了公理，请毅然决然地离开我。那个我，不值得你们跟随。我们因为有相同的公理体系，而彼此成就。"

公理没有对错，不需要被证明，公理是一种选择，是一种共识，是一种基准原则。

制定不同的公理，就会得到完全不同的公理体系，也就会得到完全不同的结果。

数字的方向性

第四种数学思维，源于代数，叫作"数字的方向性"（见图 2-17）。

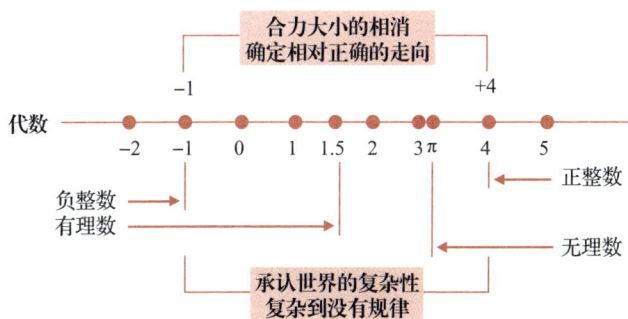

图 2-17 数字的方向性

我们学代数，最开始学的是自然数，包括 0 和正整数（即 0，1，2，3，4，5，…）；然后学的是整数，包括负整数和自然数（即…，-3，-2，-1，0，1，2，3，…）；之后学的是有理数，包括整数和分数。

在学习分数之前，在我们的认知中，数字是离散的，是一个一个的点。而有了分数，数字就开始变得连续了。这就像在生活中，一开始你看事情，看的是对和错、大和小。慢慢地，你认识到世界其实并没有这么简单，你看事情开始看到灰度。

在有理数之后，我们又学了无理数。无理数，就是无限不循环小数，比如 π。任何一个有理数，都可以由两个数相除而得来。但是无理数是无限不循环的小数，你找不到任何规律。这会让你认识到，在这个世界上，有些事情就是复杂到没有规律。π 就是 π，根号就是根号，它就是很复杂，你不要试图用简单粗暴的方式来定义它。你要承认它的客观存在，承认这个世界的复杂性。

你看，我们不断地深入学习各种数字，其实是在一步一步地理解世界的复杂性。

往更复杂的程度上说，数字这个东西，除了大小，还有一个非常重要的属性：方向。在数学上，我们把有方向的数字叫作向量。

数字，其实是有方向的。认识到这一点对我们的生活有什么用呢？

　　举个例子。假如你拖着一个箱子往东走，你的力气很大，有 30 牛顿。这时来了一个人，非要跟你对着干，把箱子往西拉，他力气没你大，只有 20 牛顿。结果如何呢？这个箱子还是会跟着你往东走，只不过只剩下 10 牛顿的力，它的速度会慢下来。

　　这就像在公司里做事，两个人都很有能力，合作的时候，如果他们的能力能往一个方向使，形成合力，那么这是最好的结果。但如果他们的能力不能往一个方向使，反而彼此互相牵制，那么可能还不如把这件事完全交给其中一个人来做。

　　还有一种情况：做同一件事情，有的人想往东走，有的人想往西走，有的人想往北走，而你并不知道哪个方向是正确的。这时，你想要的，不是合力的大小，而是方向的相对正确性。那你该怎么办呢？

　　你就让他们都去干这件事吧。虽然大家的方向不同，彼此会互相牵制，力的大小也会有损耗，但是最终事情的走向，会是那个相对正确的方向。

全局最优和达成共赢

　　第五种数学思维，源于博弈论，叫作"全局最优和达成共赢"（见图 2-18）。

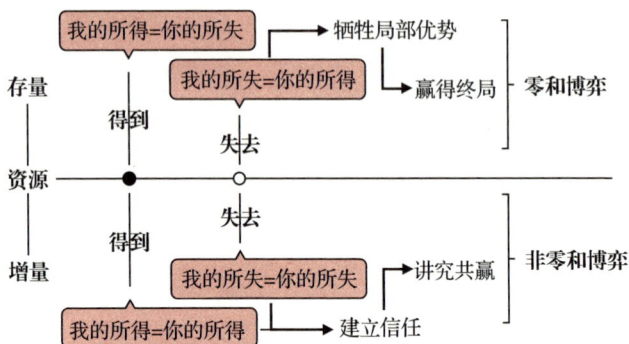

图 2-18　全局最优和达成共赢

　　什么是博弈论？我们每天都要做大大小小的决策。比如，今天是喝咖啡还是喝茶，这就是一个决策。但这个决策只跟自己有关，并不会涉及别人。而在生活中，有一类决策，是需要涉及别人的。涉及别人的决策逻辑，我们把它叫作博弈论。

　　比如，下围棋就是典型的博弈。每走一步棋，我的所得就是你的所失，我的所失就是你的所得。这是博弈论中典型的零和博弈。

　　在零和博弈中，你要一直保持清醒：你要的是全局的最优解，而不是局部的最优解。

　　比如，下围棋的时候，不是在每一步，你都要吃掉对方最多的子。你要让终局所得最多，就要步步为营，讲究策略，有时候，让子是以退为进。

　　很多时候经营公司也是一样，不要总想着每件事情都必须一帆风顺，如果你想得到最好的结果，可能在一些关键步骤上就要做出一些妥协。

除了零和博弈，还有一种博弈，叫作非零和博弈。非零和博弈讲究共赢。共赢的前提，是建立信任，但建立信任，其实特别不容易。

假如市场上需要 100 万台冰箱，一个厂家发现了这个需求，决定马上生产 100 万台冰箱。第二个厂家发现了这个需求，也决定马上生产 100 万台。第三个厂家也决定马上生产 100 万台……结果，每一个厂家都生产了 100 万台，供大于求，大部分厂家都会遭受很大的损失。

如果这时，大家能够建立起信任，商量好 10 个厂家每个都只生产 10 万台，就正好能够满足需求，使每个厂家都能够赚到钱，达成共赢。

但是，只要有一个厂家没有遵守约定，比如别人都生产了 10 万台，它却生产了 30 万台，就会导致大家都因此遭受损失。

建立信任，特别不容易，但是在商业世界里，这是非常重要的。那么，怎么才能建立信任呢？

我给你两个建议：

第一，你要找到那些能够建立信任的伙伴。有些人，你是永远都无法和他达成共赢的，这样的人你就要远离。

第二，你要主动释放值得信任的信号。你要先让别人知道你是值得信任的人，这样，想要与你达成共赢的人才会来找你。

小提示

这五种数学思维——从不确定性中找到确定性、用动态的眼光看问题、公理体系、数字的方向性以及全局最优和达成共赢，我希望你能把它们看懂，并且把它们运用到工作和生活中。

我也希望能借此向你传达一个观念：数学不难，真的不难。你不一定要会解大部分数学题，不一定要能背下来所有的公式，不一定要在数学考试中拿满分，但是你至少要训练自己的数学思维。训练数学思维，是为了让自己拥有符合规律的思维方式。

孔子说："三十而立，四十而不惑，五十而知天命，六十而耳顺，七十而从心所欲，不逾矩。"所谓"从心所欲，不逾矩"，不是说你要约束自己，让自己所做的事情不越出边界，而是说你会因为拥有符合规律的思维方式，所做的事情根本就不会越出边界。

这，就是从心所欲的自由。

系统思维

有一次，我和一位老友见面。他在 IT 最鼎盛的时候做人力资源外包，获得了成功，却很感慨自己没能在早些年时，感受到"千百十个"中的"千位"（也就是时代）的变化。因为大量雇人，在早些年时，他就已经意识到中国的人力成本正在上升。但是，也许是因为生意很好，也许是因为实在太忙，他没有把这种体察转变为对时代的判断。

当遇到问题时，他习惯于从"个位"（也就是管理）上找原因。他想了很多办法提高管理效率，来对冲人力资源成本上升给外包行业带来的冲击。但是，这些方法就像是用汤勺往正在下沉的船外舀水，效果很不明显。等到后来，微观体察变成了所有人的共识，他才意识到，在"个位"上的努力是对抗不了"千位"上的变化的，但已经为时已晚，就这样，他错失了最好的转型机遇。

后来，他把人力资源团队迁移到了印度，整体成本下降了三分之一。但是这些年的忽视和犹豫，导致他与很多新机会擦肩而过。现在他在做一些新的事情，希望这些来自错失的顿悟，能帮助他抓住新一轮的时代机遇。

这世界上的所有事物，都遵循着一定的规律，以一种叫作"系统"的方式存在着。

我们身处时代这个大系统之中，如果没有一种全局的系统观，很容易就会和机遇失之交臂。

凡事要顺势而为，用"个位"的管理对抗"千位"的时代，如同螳臂当车。徐小平老师说得很好："你首先选择行业，然后选择公司，否则你就是在泰坦尼克号的头等舱，再豪华也终将沉没。"

只有理解了关系和关系背后的规律，才能在复杂的系统中理解现在。

商业模式就是利益相关者的交易结构

想要理解"系统思维"，我们要先从商业模式开始了解起。

什么是商业模式？就是利益相关者的交易结构。

举个例子。过去，如果想开一家餐厅，为在写字楼上班的白领们提供午餐，这个生意怎么做？我会在离写字楼尽量近的地方租个铺面，最好还是临街的铺面。因为到了中午，写字楼的白领们就会下楼吃饭，但是午休时间有限，他们不可能走到很远的地方，所以，离写字楼越近、越临街的铺面，生意就会越好。

如果你问一家做得不错的写字楼餐厅老板，做好生意最重要的诀窍是什么？他们大都会说："哪有什么诀窍，唯有全心全意为顾客着想，做最好吃、性价比最高的饭菜。"

"全心全意为顾客着想"，是用户思维；"做最好吃、性价比最高的饭菜"，是产品思维。他说得对吗？当然对，但又不完全正确。

因为他说这句话时，也许并不知道，他正身处一个自己并不完全理解的商业模式中。

看不清交易结构的变化，再完美的产品思维都白费

在上述商业模式中，写字楼餐厅与顾客的交易结构是：用租金买流量。

很多人会说："这还用说吗？就算我不理解你说的这些没用的术语，我的生意不也做得挺好的吗？你能说，你可以做给我看？"

在稳定的时代，我会闭嘴，不再说话，好好吃饭，吃完饭祝老板生意兴隆，然后付钱走人。但是在变革时代，这么想就危险了。

今天，互联网上出现了很多外卖 App，比如美团、饿了么。这些外卖平台，让写字楼里的白领们不再需要走出写字楼，在办公室里就把午餐问题解决了。

这时，你再有用户思维（全心全意为顾客着想），再有产品思维（做最好吃、性价比最高的饭菜），顾客也会越来越少。

戴上系统思维的眼镜才能透过表象看清本质

为什么顾客会越来越少？因为写字楼午餐生意这个系统的交易结构变了。

拥有系统思维，也就是能够理解"利益相关者的交易结构"的人，这时可能马上就会意识到，这是一个机会：

既然越来越多的白领选择在外卖平台上买午餐，那我就不需要把餐厅开在离写字楼尽量近且临街的地方了，因为现在不是顾客下来吃，而是我送上门。那么，只要在写字楼附近方圆 3 千米之内，租个尽量便宜的地方就行，就算餐厅是在一个很深的小巷子里也没关系。

在距离写字楼 3 千米的深巷里租个地方，当然比在距离写字楼 300 米处租个旺铺要便宜得多。这样一来，同样品质的菜品，我就可以做到比其他人的更便宜，或者保持同样的价格，但我还可以给顾客加一份鸡腿、卤蛋或水果沙拉。这样一来，我的竞争力就会比其他人强很多（见图 2-19）。

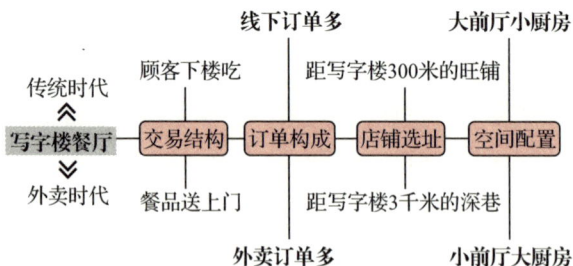

图 2-19 系统思维：时代、行业、公司、模式

不止如此，当我发现外卖订单越来越多、线下订单占比越来越小时，我甚至可以把整个餐厅做成一个大厨房。传统餐厅大约 20% 的面积是厨房，80% 的面积是前厅，我干脆不

要前厅，不但租金成本会一下子节省 80%，使我可以进一步加大优惠力度或者升级菜品，还会使厨房扩大，提供巨大的"产能"，满足那些激增的需求。

而与此同时，在写字楼旁的街边，那些租金高昂的餐厅生意却有可能越来越差，甚至有可能差到老板开始怀疑人生：一定是我的用户思维还不够，一定是我的产品思维也不够！

于是，餐厅老板要求服务员对客人笑得更真诚，要求大厨把饭菜做得更好吃，甚至还会重新装修，让餐厅更古典、更豪华……

但是，方向不对，努力白费，在错误的赛道上一路狂奔，越努力，毁灭的速度越快。

只有戴上系统思维的眼镜，透过表象看本质，看到餐厅、产品、用户、地段等要素在系统中的交易结构变化，才能够及时认清当下的处境，挽救自己于困境之中。

系统思维，是一种救命的大智慧。

很多创业者有用户思维，也有产品思维，但缺乏系统思维，不理解"利益相关者的交易结构"，因此在时代变革中黯然退场。

他们会感慨："我不知道我们做错了什么，但是我们输了。"你一定要相信，有时候不是你不努力，而是这件事本身就错了。

小提示

这世界上的所有事物，都遵循着一定的规律，以一种叫作"系统"的方式存在着。

要素，是系统中你看得见的东西；连接，是系统中你看不见的、要素之间相互作用的规律。我们要看到要素，看到要素之间的连接，更要看到这些连接背后的规律。

很多企业家都知道，旺铺很重要。可是旺铺为什么这么重要？因为更好的地段带来了更多的人流。所以，人流，其实才是"旺"和"铺"这两个要素之间的连接，是这连接背后的规律。理解了这一点，就能把这个规律推广到整个系统中，了解到"哪里人流多，哪里就会旺"。这样一来，无论是早期的 PC 电商，后来的移动电商、微商以及社群经济，还是现在的网红、移动直播和虚拟现实（VR），你都能一下子全理解了。

理解了连接和连接背后的规律，你不但能在复杂的系统中理解现在，还能在一定程度上预测未来。

所有的战略，都是站在未来看今天。

第 3 章

个体进化的底层逻辑

人生商业模式 = 能力 × 效率 × 杠杆

达·芬奇是一名非常伟大的画家。他最著名的画之一，你一定知道，叫作《蒙娜丽莎》。但是你知道吗？他除了是一名伟大的画家，还是雕刻家、建筑师、音乐家、数学家、工程师、发明家、解剖学家、地质学家、制图师、植物学家、作家……达·芬奇的人生，简直像开了挂。

赫伯特·西蒙是决策理论之父，获得过 1978 年的诺贝尔经济学奖。他是芝加哥大学政治学博士，同时，还是耶鲁大学科学和法学博士、麦吉尔大学法学博士、瑞典隆德大学哲学博士、鹿特丹伊拉斯谟大学经济学博士、密歇根大学法学博士、匹兹堡大学法学博士……赫伯特·西蒙的成就，单拿出来任何一项，都让普通人望尘莫及。

鲍勃·迪伦是一位非常了不起的音乐家，曾获得过音乐界最著名的奖项——格莱美音乐奖。同时，他还获得了影视界的金球奖和奥斯卡金像奖、新闻界的普利策奖以及诺贝尔文学奖。鲍勃·迪伦，也是一位跨领域的全才。

在这个世界上，有一些人，一旦在某个领域获得了成功，就几乎可以在任何一个领域都获得成功。

为什么会有这样的人存在呢？这背后，其实是有商业逻辑的。

人生，就是一种商业模式。我们可以将其总结为一个公式：人生商业模式 = 能力 × 效率 × 杠杆。

有的人，用能力、效率和杠杆这三者换回了全世界，而有的人，却一无所获。

下面，我们就来系统地聊一聊人生商业模式中的能力、效率和杠杆（见图 3-1）。

图 3-1　人生商业模式 = 能力 × 效率 × 杠杆

能力

在人生商业模式中，第一重要的是"能力"。

首先，我想问你一个问题：你觉得，什么能力是一个人最有价值的能力？是演讲能力、学习能力、沟通能力，还是赚钱能力？

都不是。

一个人最重要的能力，是获得能力的能力。这是一种超能力，就像你去找阿拉丁神灯，神灯问你有什么愿望，你说："我的愿望是再要三个愿望。"

如果把获得能力的能力具象化，就是：怎么只用 2 年时间，获得别人 5 年的能力？

我对这个问题进行了非常深入的思考和研究，甚至画了 74 个数学模型。经过严格的数学推演，最终，我找到了答案。这个答案就是：加班。别人一天工作 8 小时，我一天工作 16 小时，是不是就有可能用 2 年获得别人 5 年的能力呢？

当然，"加班"这个词，我们还可以给它换个名字：勤奋。

什么是勤奋？

现在很多互联网公司都是"996"工作制——早上 9 点到晚上 9 点，一周工作 6 天。而我在微软工作的十几年，几乎天天都是"996"，很少在晚上 9 点之前下班。

微软有一个制度——每天免费提供晚餐，而且，只要晚上 9 点以后下班，还可以报销打车费。于是，到了晚上下班时间，很多员工会想："吃了晚饭再走吧。"吃了晚饭后再一看表，已经快 8 点了，那就待到 9 点以后再走吧，反正可以报销打车费。

后来很多公司都采用了微软的这个制度，特别是一些互联网公司。甚至有一些创业公司，工作时间是"711"——

早上 7 点到晚上 11 点，全年无休。

现在我自己创业做咨询，我不要求我的员工"996"，因为公司还小，而且，是否"996"应该是员工的个人选择。我也不要求自己"996"，因为我常年都是"711"，"996"对我来说等于放假。

这就是勤奋。

但是，勤奋就够了吗？还远远不够。

特斯拉公司 CEO 埃隆·马斯克，被称为"地球上最酷的人"。你知道，马斯克一定特别聪明，但是你未必知道，马斯克还超级勤奋。有一次，他在一所大学做演讲，一个学生问他："您是怎么获得今天的成功的？"马斯克给了这个学生一个非常重要的建议，"Work super hard"（超级努力地工作）。

"Work super hard"，我称之为"可怕的勤奋"。

什么叫可怕的勤奋？

1999 ～ 2001 年，我在微软以工程师的身份做技术。你可能知道微软是一家特别勤奋的公司。但实际上，在微软工作，必须"Work super hard"，即必须做到可怕的勤奋。

在微软上班，别说工作到晚上 9 点了，工作到凌晨都很平常。但即使到了凌晨，你还是不好意思走，因为整个办公室里全是人……

怎么办？接着干。

为了"帮助"你更加勤奋，微软在办公楼的每一层都准备了两个房间，每个房间里放了两张小床。如果工作到很晚，你可以住在公司里。

但是你不要认为在办公楼里放几张床，就是微软逼着员工加班。其实真相是，每天早上，很多同事来公司的第一件事，就是把员工卡扔在一张床上，先占上位置。

他们抢床位不是为了午休，而是为了彻夜睡在公司里。如果你早上来得稍微晚一点，连床位都抢不到。当时微软一共有 5 层办公室，这 5 层楼里的 20 张床，只有来得早的人才配拥有。

那没有抢到床位的人怎么办呢？没关系。没有床，可以睡在地上啊！茶水间里有很多睡袋，我常常拿一个睡袋，睡在会议室的地上。第二天，搞清洁的阿姨一不小心踢到我时，我就知道天亮了，然后起床洗漱，继续工作。

微软的每一位同事，包括我，都是这么过来的。

这就是可怕的勤奋。

所有的创业者，在用尽你们的智慧之后，有一样工作是永远都逃不掉的，那就是可怕的勤奋。

但是，做到可怕的勤奋就够了吗？还远远不够。

可怕的勤奋，可能是一种低效的勤奋。所以，我们还得在它前面加上一个前缀，即高效而可怕的勤奋。

什么叫高效而可怕的勤奋？

2016 年，AlphaGo 战胜了李世石，世界一片哗然。2017 年，AlphaGo 的新版本 AlphaGo Master 战胜了柯洁，又一次震惊世人。而这，其实都不算什么。战胜柯洁后的同一年，AlphaGo 的新版本 AlphaGo Zero，又以 89∶11 的战绩打败了之前战胜柯洁的 AlphaGo Master。

这个版本的 AlphaGo，才真的让人深深恐惧。因为之前的版本，不管多么厉害，它学习围棋的方法都是钻研人类给它的棋谱。所以归根结底，它还是站在人类的肩膀之上，不会超出人类太多。

而 AlphaGo Zero 完全没有学过棋谱，仅仅给它一个输还是赢的反馈，它就能通过自己跟自己对弈，找到人类从未想到过的棋路，达到前所未有的高度。这让那些顶尖的棋手们开始意识到：人类以前其实根本就不懂什么叫作围棋。

AlphaGo Zero 的训练，依靠的是一个高效的反馈机制。这也是高效而可怕的勤奋中最最重要的部分。它可以告诉你，你的工作中哪些是有效的，哪些是无效的。换一个你可能更熟悉的名字，就是"刻意练习"。

刻意练习的关键，就是通过不断重复训练稍微困难的任务，从而获得最高效的进步。安德斯·艾利克森有一本书就叫作《刻意练习》，你可以参考。

这就是高效而可怕的勤奋。

总结而言，想要拥有获得能力的能力，你要勤奋。你不仅要勤奋，还要可怕的勤奋。你不仅要可怕的勤奋，还要高效而可怕的勤奋。

当然，这一切是有前提的：

第一，你真的想要拥有获得能力的能力。

第二，确保所有的勤奋，都在你的身体和家庭的承受范围之内。

效率

拥有了"能力"，你还要提高做事的"效率"。

如何才能提高效率呢？怎么把 1 小时用出 3 小时的效果？这其实也有系统的方法论——选择、方法、工具。

什么是选择？

真正能够提高你效率的方法，不是从 17 分钟里省出 17 秒，而是用 17 分钟省出 17 小时。也就是说，你要在这 17 分钟里做出一个决定——接下来要花费 17 小时做的事情，到底值不值得做？

这就叫作选择。

在做选择时，你必须考虑：哪些事情是你实现人生目标必须做的？哪些事情是对你的人生目标帮助不大的？哪些事情是你即使失去现有的条件也一定要完成的？

选择，是提高效率的第一要义。

有了高效而可怕的勤奋，有了自己的选择之后，接下来的问题就是：如何真正提高做一件事情的效率？这个时候，你必须借助方法和工具。

举个例子。2017 年 6 月，一个叫王俊哲的小朋友走失了，家长非常着急。怎么办？在家门口张贴寻人启事吗？还是在朋友圈发寻人启事让亲朋好友转发呢？王俊哲的父母没有这么做。他们把走失信息发布在"公安部儿童失踪信息紧急发布平台"的微博上。

这个操作很正常，但不正常的是，他们发微博时用了一张王俊哲穿着比基尼的照片。

穿比基尼的小男生？新浪微博顿时炸开了锅。网友们纷纷留言并转发，有的说："这样还怎么让我认真看图找孩子？！"有的说："孩子，快回来吧，回来就能把照片删掉了！"有的说："曾梦想仗剑走天涯，因女装照被亲爹妈曝光而取消原计划……"有的说："如果这对父母真的是为了让更多人转发，我应该说这对父母机智吗？"

我不知道王俊哲的父母是不是故意的，如果是故意的，那么这对父母确实很机智。这条微博很快就收获了 1 万条评论和 3 万的转发量，获得了大量的曝光和传播。这就是效率更高的方法。

除了用更高效的方法，你还可以借助工具来提高效率，比如白板。

我本人最常见的工作状态，就是站在巨大的白板前，把想法像小石子一样，扔到知识储备的湖面上，然后迅速把激起的"浪花""涟漪"记录在白板上。这之后，我会退后半米，静静地看着这些想法舒展、连接、形成结构，感受创造带来的喜悦和成就感。

除了喜悦和成就感，白板还解决了我思考过程中遇到的三个非常实际的问题：第一，相对于 Word、Excel、PPT，它能把我从"结构化的思维"中解放出来，随心所欲地思考；第二，相对于 A4 纸，它能把我从"有边界的思维"中解放出来，在广阔的空间里舒展、连接；第三，相对于翻页纸，它能把我从"不能错的思维"中解放出来，想到就写，写错就擦，擦了再来。

你可以试试用白板装修你的办公室。白板，能把我们从"结构化的思维""有边界的思维""不能错的思维"中解放出来，帮助我们随时随地、无边无际地思考。

好的工具，能让你事半功倍。

总结而言，怎么才能提高做事情的效率？第一要义，是选择做那些对你来说最最重要的事情。然后，使用更高效的方法、更称手的工具。

杠杆

拥有了能力，获得了效率，就够了吗？

当然不够。

不管你在能力和效率上怎么提升，你每天都只有 24 小时，你能做的事情永远是有上限的。你始终都无法超越你自己的边界。所以，如果你真的想要获得巨大的成功，你必须借助一个神奇的东西——杠杆。

具体来说，有哪些杠杆呢？

我给你介绍四种：团队杠杆、产品杠杆、资本杠杆、影响力杠杆。

1. 团队杠杆

什么是团队杠杆？举个例子。我创立的润米咨询，是从事咨询业的。在咨询业中，有繁星一样多的小公司，但做得非常大的公司却很少。因为咨询业非常依赖咨询顾问的专业能力，而专业能力很强的顾问是可遇而不可求的。所以咨询公司一旦做大，人才瓶颈就出现了，很难复制。但是，就在这样一个很难复制、很难做大的行业中，有一家公司却做得非常成功，在全球不断复制自己，这家公司就是麦肯锡。

如今，麦肯锡全球的年收入规模大约是 100 亿美元。它是怎么做到的？

首先，麦肯锡找到了自己的支点，也就是它坚实可复制的能力内核。

在麦肯锡，所有服务过的客户案例都会进入一个知识库。这家公司这么做，成功了，那家公司那么做，失败了，无论是经验还是教训，都会写下来，存入知识库。同时，麦肯锡还发明和设计了很多咨询方法论，比如 MECE 法则、七步分析法，等等。"知识库＋方法论"，是麦肯锡从最有经验的咨询顾问那里提取出来的"能力内核"，这就是它的支点。

有了这个能力内核，麦肯锡开始寻找它的杠杆。

每年麦肯锡都会从全球各个顶尖大学，比如哈佛大学、斯坦福大学、麻省理工学院等，招一大批刚从商学院毕业的年轻人。这些绝顶聪明的年轻人，就是麦肯锡充沛而有效的"团队杠杆"。他们利用科学的方法论和被验证的知识库，就可以给比他们年长 20 岁、30 岁甚至 50 岁的经验丰富的企业家们提供战略咨询了。

用团队来复制做大，是最基础的杠杆，你必须娴熟使用。

2. 产品杠杆

什么是产品杠杆？举个例子。15 世纪的欧洲，抄写《圣经》是个专门的职业，叫作"誊写师"。一个誊写师一年大约能抄一本《圣经》。所以你可以想象，在 15 世纪，看上去你买的是一本书，实际上却是一个誊写师一年的时间。你买《圣经》的钱，实际上是誊写师一年的工资，而这一年的工资，不但要养活誊写师，还要养活他的一家。所以，在 15 世纪，只有富人才买得起《圣经》。

一本《圣经》就需要一个人抄一年，这样怎么能快速传播《圣经》呢？于是，欧洲教廷采用了"团队杠杆"的模式，雇用了大约 1 万名誊写师，做大复制规模。但即便是这样，传播效率还是很低。

怎么办？

1450 年，约翰·谷登堡开了一家活字印刷厂，开始用"产品杠杆"印刷《圣经》。活字印刷术的出现，使得复制《圣经》的价格大大降低，速度大大提高，数量也大大增加。当时的教皇还非常生气地写了篇文章，说誊写师是这个世界上最美好的职业，却被印刷术给毁了。具有讽刺意味的是，这篇文章通过印刷术传遍了全世界。

谷登堡让复制《圣经》这件事，从严重依赖人类边际交付时间的"服务"，变成了更多依赖技术和工具而较少占用人类时间的"产品"。一旦脱离对人类时间的依赖，复制《圣经》这件事做大的可能性就大大增加了。

为什么《财富》世界 500 强中，做产品的公司要远远多于做服务的公司？因为只有尽量脱离对人类时间的依赖，一家公司才有可能拥有不受限制的发展空间。

这就是产品杠杆的威力。

3. 资本杠杆

什么是资本杠杆？举个例子。咨询这件事情的能力内核，是"知识库+方法论"。但是，常常有很多人质疑咨询业："你们说得头头是道，为什么自己不干，只躲在后面给别人出主意，赚那其实并不多的咨询费呢？"

一个叫罗姆尼的人说："对啊，我们的建议那么值钱，却只收这么点钱，你们还说三道四。"于是，罗姆尼发明了一种复制放大咨询业能力内核的特殊方法论：贝恩模式。

首先，罗姆尼会关注并挑选一些经营遇到问题的成熟型公司。然后，他会派分析师团队对这家公司进行好几个月的研究，看看还有救没救。如果还有救，他会向这家公司发起收购，收购的先决条件是，他要拥有这家公司的绝对控股权。一旦收购成功，他会派遣几十位咨询顾问前往被收购公司，进行一切相关的咨询服务。最后，这家公司的价值大幅增加，此时，罗姆尼便会出售该公司获利。

用一句话来总结"贝恩模式"，就是：都给我走开，这家公司我买了，我亲自做给你们看，怎样才能做好一家公司。

因为贝恩模式，罗姆尼的贝恩资本获得了"破产收割机"的外号。在罗姆尼领导下的 14 年间，该公司的年投资回报率为 113%。贝恩资本，是咨询业或者说是咨询投资业的一个传奇。

贝恩模式的本质，就是把"知识库+方法论"这个咨询业的能力内核通过资本杠杆复制放大，从而获得远超过咨询费的收益。

这就是资本杠杆的威力。

4. 影响力杠杆

影响力是一个非常有威力的杠杆。你能接触到一些最有价值的产品吗？你能找到一个最好的团队吗？你能让别人相信你，并且给你投资吗？这些都关乎影响力。

可是怎样才能获得更大的影响力呢？你需要三种能力：演讲能力、写作能力以及建立人脉的能力。

演讲和写作是两个大规模杀伤性武器，如果你想扩大自己的影响力，你就要持续训练。

那建立人脉的能力呢？关于人脉，你需要记住一句话：人脉，不是指那些能够帮到你的人，而是指那些你能帮到的人。

杠杆能帮你获得巨大的成功，但是使用杠杆也是有前提的：你必须先拥有强大的能力内核。

记住，所有的杠杆，不论是团队杠杆、产品杠杆、资本杠杆，还是影响力杠杆，它们的作用都是复制放大。

复制放大，不是必然导致成功。如果你的能力内核很强大，使用杠杆会使你更快地获得成功。但是，如果你的能力内核很虚弱，使用杠杆只会加速你的失败。

小提示

人生，是一种商业模式。想要获得成功，就看你能拥有多少能力，达到多高效率，以及使用哪些杠杆。有的人，用它们换回了全世界，而有的人，却一无所获。

我想，一无所获的人，也许就是因为没有带着杠杆，不去寻找支点，就想搬动全世界。

最可怕的能力是获得能力的能力。

最可怕的效率是伸缩时间的效率。

最可怕的杠杆是撬动人心的杠杆。

愿你拥有最可怕的能力，达到最可怕的效率，撬动最可怕的杠杆，并用它们换回属于你的全世界。

把工作当成玩

有一年过生日，一同去马丘比丘、亚马孙[⊖]丛林的一位朋友为我庆生。对我说完"生日快乐"，他就话锋一转，善意地规劝我："刘润啊，不要那么拼命工作，要多休息。"

我说："我哪里有拼命工作，我每天都在玩，就连发际线都保护得特别好。"

对方很惊讶："刘润，你这是拉仇恨啊，做咨询、做培训、写专栏、私董会……同时做这么多事情还说不累，每一项可都是要耗费大量精力的。"

其实我真的不累，我玩得很开心，这是我的心里话。

工作是创造，不是消耗

在以前的文章里，我分享过自己如何度过完整的一天：7 点准时起床，然后运动，阅读，参加活动，演讲，和客户讨论项目进展，开电话会议，与多年未见的好友畅聊叙旧，一直到晚上 11:00，听 15 分钟雨水拍打在窗户上的白噪音，睡觉。

有人问我，这种像机器一样的生活是如何炼成的？

其实，这种枯燥、机械的工作状态看似令人难以接受，

⊖ 1993 年中国地名委员会编写的《外国地名译名手册》，将南美洲的地理名称、政区名称中的 "Amazon" 规范译为 "亚马孙"。在日常交流中，"亚马逊丛林" 的说法也被广泛使用。

实际上却如同一只瑞士钟表，体现了一种规律和秩序的美。这不是什么自律，而是一种很好玩的生活方式。

你身边一定也有这样的人：

他们在应酬之后，还会回到公司独自写报告；凌晨在睡梦中被电话吵醒，从被窝里爬起来为客户解决问题；节假日从不休息，仍然会工作到深夜。

他们的勤奋和努力，不需要老板的褒奖，不需要物质的补贴，不需要发朋友圈证明，不需要强打鸡血，也不需要被人说服和强迫。

他们发自内心地认为，工作是创造而不是消耗。对待工作的态度，正是优秀和庸常的分界线。

玩和工作的四象限

有人问我："润总你是怎样定义玩和工作的？玩是充满乐趣的、欲罢不能的？工作是重复枯燥的、不得不做的？"

其实，玩和工作从来都不是一维的两端，不是彼此对立的。认为这两者像散点一样水平分布在横轴的两侧，是一种偏颇的认识。

玩和工作，是可以进行科学的划分与组合的，它们是"二维四象限"的两根轴（见图3-2）。玩是名为"乐趣"的横轴，负边是"枯燥"，正边是"玩"；工作，是名为"价值"的纵轴，负边是"消耗"，正边是"工作"。

"乐趣"和"价值"两根轴，把你的时间分为四个象限。你落在哪一个象限，决定了你人生的坐标点。

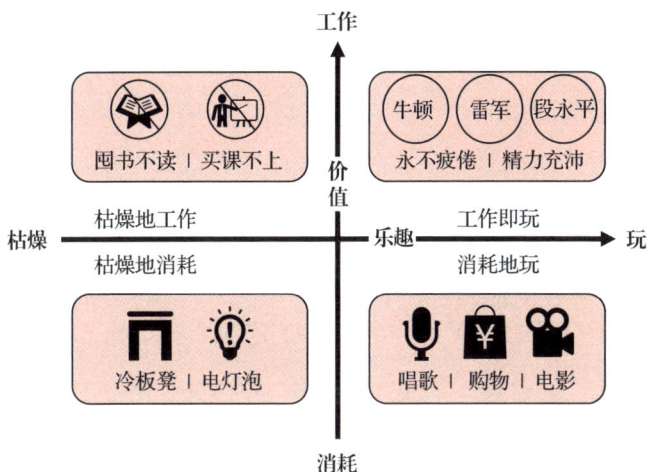

图 3-2　玩和工作的四象限

时间有两种截然相反的力量，一种是成就我们，另一种是消耗我们，前者是赋予意义，后者是谋杀生命。

第三象限，是枯燥地消耗。

无所事事地闲逛、漫无目的地瞎想、吃饱饭就上床睡觉……不但索然无味，而且不创造价值。这样的事，完全没必要干。太阳每天冉冉升起，而你在悲悲切切地浪费光阴。千万不要忘记，生命和时间才是最珍贵的奢侈品。

第四象限，是消耗地玩。

唱卡拉 OK、"剁手"买东西、逛街看电影，都属于此类。这些娱乐都很有趣，但同样不创造价值，虽然能让你获得短期的满足，但是会消耗大量的资源，甚至还会让你陷入长久的空虚。

于是你常常心怀愧疚，渴望改变，但总是游走在满腔热血和因循苟且之间。

知识的匮乏使你害怕接触爱阅读的人，因为与他们相比你总是相形见绌，于是你便买书如山倒，读书如抽丝，有时大半年过去了，斥巨资买的"精神食粮"还没吃上几口；啤酒肚、水桶腰让你无地自容，你下定决心要瘦出人鱼线，不瘦 10 斤不换头像，于是下载了 Keep App，办了张健身卡，还请了个私人教练，结果只是坚持发了几天朋友圈；同事升职涨薪让你羡慕嫉妒，你决心要超过他们，让老板对你也赞叹刮目，于是你买了一堆课程，但才看了半小时就昏昏欲睡。

很多人都是这样吧，间歇性踌躇满志，持续性混吃等死，改变太难，还是"吃鸡"、打王者比较简单。

第二象限，是枯燥地工作。

消耗地玩不仅很花钱，还空虚，怎么办？那就用"枯燥地工作"来替换吧，还能赚钱。可赚到了钱之后干什么呢？赚到了钱，又可以消耗地玩了。

这样的场景重复上演，就像古希腊神话中的西西弗斯，艰难地把巨石推向山顶，巨石又轰隆隆地滚下来，生命就在无效无望的重复中消磨殆尽了。

如果你能摆脱懒惰、枯燥、抱怨的地心引力，穿梭到第一象限，工作就会像玩一样轻松有趣，赚钱也只是一件顺便的事情。

"玩"出成就

这个世界上，有一群人成功的秘诀就是把工作当成玩。他们正在用各种语言悄悄告诉你，只是你未必听见。

牛顿因为工作太专心，把手表当成鸡蛋放在锅里煮，不是想说自己多么敬业，只是想说自己玩上了瘾。

段永平说自己没有"加班"这个概念，早早起床工作到晚上 10 点下班，凌晨还在开会看报告，这是玩到废寝忘食。

雷军是人尽皆知的劳模企业家，但看到比他玩得更疯的韩国三星高管，雷军也被"雷"到了。几位三星副总裁几十年如一日，早上 6 点到公司，晚上 10 点才回家，陪伴他们的总是清晨的静谧和首尔夜晚美丽的灯火。什么是早高峰、晚高峰？他们统统没见过。

所以，这个世界上，最可怕的是什么人？

是那些把工作当成玩，永远不知疲倦、永远精力充沛的人。

那么，这个世界上，最可悲的又是什么人？

是那些白天在枯燥地工作，晚上在消耗地玩，日夜如此，任由生命在看似平衡的重复循环中消逝不见的人。

　　而有些人不分白天晚上，一直在工作，一直在玩，对这样的人而言，玩和工作是浑然一体的。

　　你可能会质疑：因为他们成功了，工作得有意义，所以才能把工作当成玩，我可做不到。

　　我认为你应该换个角度看：正是因为他们对工作有热情，主动赋予工作崇高的意义和无限的乐趣，才能拥有这么高的成就。

　　我在微软工作了 13 年，经历了毕业、恋爱、结婚、买房、生子，深刻体会到把工作当成玩的魅力。

　　在加入"英雄战队"后，我一心只想冲在最前线战斗，常常几天几夜不睡觉，晚上就住在办公室里，累了就找个睡袋躺下，直到早上阿姨打扫卫生时不小心发现我；我主动申请服务最重要的客户，怀揣三部手机，那时上海地铁里还没有手机信号，进地铁前要打电话向公司报备，以防客户联系不上，出地铁后再解除报备；我每天打几小时的国际长途，半夜里拿着手机，听某某著名公司的 CIO（首席信息官）在电话里用英文怒吼："我和你们全球 CFO（首席财务官）在剑桥是同学，如果凌晨前你解决不了我的问题，我就……"

　　在微软的峥嵘岁月里，我也曾经像你一样觉得疲倦，可是我热爱自己的工作。只要找到工作的乐趣，就会有源源不断的热情和创造力。

　　也许这就是人与人之间的区别：都把工作看成是一场游

戏，但有的人只是玩玩而已，有的人却在努力打怪升级，一心要成为最强王者。

小提示

也许在你眼里，我是"机器人"，是"工作狂"，但我爱这种快乐和秩序。

我没有拼命工作，我只是玩上了瘾。

有句话说得好：出来混，迟早是要还的。

我斗胆把这句话稍做修改：出来工作，迟早是要"玩"的。

年轻人，工作就是玩，我们一起玩起来吧。

如何做好时间管理

总有同学问我："润总，你一年要讲 100 多天课，要给企业做咨询，要录制得到 App 的付费课程，要每日更新公众号，还要运营付费社群进化岛，居然还有时间一年出国玩两次，你怎么能在一年之内做这么多事情？你到底是如何管理时间的？"

下面，我就来聊一聊时间管理的问题。

时间的颗粒度

2016 年 12 月，网络上流传着一张王健林的行程表。这位 62 岁的中国首富，早上 4 点起床健身，然后飞行 6000 千米，出现在两个国家、三个城市，晚上 7 点又赶回办公室，继续加班。

看到这张行程表，网友们纷纷表示：受到了 10 000 点的伤害。有人说："最可怕的事情看来真的是比我成功 N 倍的人，居然惨无人道地比我更努力！"还有人说："这世界到底还给不给我们这些年轻人机会啊！"

这其实一点都不奇怪。

有不少成功人士的努力程度，是很多常人无法想象甚至都不愿想象的。我在朋友圈里写道："外企高管们，很多远不到首富级别的同志，都是这样的……"

而我从这张行程表里看到的是另一样东西：职业化。

看一个人的时间颗粒度，可以看出他的职业化程度。

那么，什么是时间颗粒度？时间颗粒度，就是一个人安排时间的基本单位。

根据行程表，王健林的时间颗粒度很细，大约是 15 分钟。比如，和省领导会见很重要，那就安排 15 分钟。

另一个把时间切成颗粒的人，是全球首富比尔·盖茨。英国《每日电讯报》专栏作家玛丽·里德尔（Mary Riddell）说，盖茨的行程表和美国总统类似，5 分钟是基本时间颗粒度，而一些短会，乃至与人握手，则按秒数安排。这哪里是把时间切成颗粒啊，这简直是把时间碾成粉末！

你不要觉得夸张，这个"按秒数安排"，我是亲眼见过的。

2003 年，比尔·盖茨到访中国，在北京香格里拉酒店参加一些重要会面。

微软中国的同事们为了他的到来，一遍又一遍地测量从电梯口到会议室门口要走多少步，要花费几秒钟。我当时就在现场，亲眼所见每个会议室里都坐着一位等着他握手、签字的重要客人。盖茨来了之后，依次进入每个房间，握手、签字、拍照、离开，几乎分秒不差。

每个人都有自己的时间颗粒度，王健林的是 15 分钟，盖茨的是 5 分钟，而大部分人的是 1 小时、半天甚至 1 天。

恪守时间，是职业化的最基本要求。

为什么很多人不守时？是因为他们的时间颗粒度过于粗犷。

有一次，央视的一位主持人采访王健林，不小心迟到了3分钟，结果王健林当着她的面，坐上车绝尘而去。这位主持人感慨地说：一分钟不等，一点脸不给，老王就是霸气。

其实不是老王霸气，只是时间颗粒度是1小时的她，无法理解对一个时间颗粒度是15分钟的人来说，3分钟意味着什么。

衡量一个人在商业世界中是否职业化，恪守时间是一项最基本的要求。

如果你理解了"时间颗粒度"的概念，就会明白，恪守时间就是理解并尊重别人的时间颗粒度。

1. 理解别人的时间颗粒度

理解，是尊重的前提。

让时间颗粒度为1小时的人去评价一个时间颗粒度为15分钟的人的行为方式，他可能会说："至于吗？耍什么大牌啊？"

时间颗粒度为1天的人，喜欢说："你到北京了啊？那怎么不顺便绕到天津来看我一下啊？"时间颗粒度为半天的人，喜欢说："你下午在办公室吗？我过来找你聊聊天。"时间颗粒度为1小时的人，喜欢说："路上堵疯了，我还有一会儿就到，你等我一下啊。"时间颗粒度为半小时的人，喜欢说："这事微信里说不清楚，我给你打电话吧。"

这些话都没错。

但是，如果别人不去天津看你、拒绝你的临时到访、不谅解你的迟到或者不接你的电话，你要理解，那只是因为他的时间颗粒度和你的不同。

2. 细化自己的时间颗粒度

首先你要检查一下自己的时间颗粒度。怎么检查？看看你约人开会，一般约多长时间。如果一约就是半天的会，那你的时间颗粒度就是半天。如果你的会都是以小时为单位的，那你的时间颗粒度就是 1 小时。

如果你的时间颗粒度是 2 小时，也不用自责。随着你越来越成功，时间越来越值钱，你的时间颗粒度一定会变得越来越细。这是自然而然的，不用强求。

但是，在和别人打交道的时候，更具职业素养的商业人士，会懂得至少以 30 分钟为单位安排时间，以 1 分钟为单位信守时间。

这就是职业化。

3. 善用日历管理时间颗粒度

现在的电脑、手机都自带日历工具，我建议你把所有行程安排都放入日历中，而不是大脑中，然后利用工具管理越来越细的时间颗粒度。关于工具，我个人比较喜欢用微软的Outlook，你也可以用手机自带的其他工具。

时间管理的三个层次

要做好时间管理，还可以对时间进行分层次管理。我曾经提出了以年为单位、以天为单位和以小时为单位的三个层次的时间管理（见图3-3）。

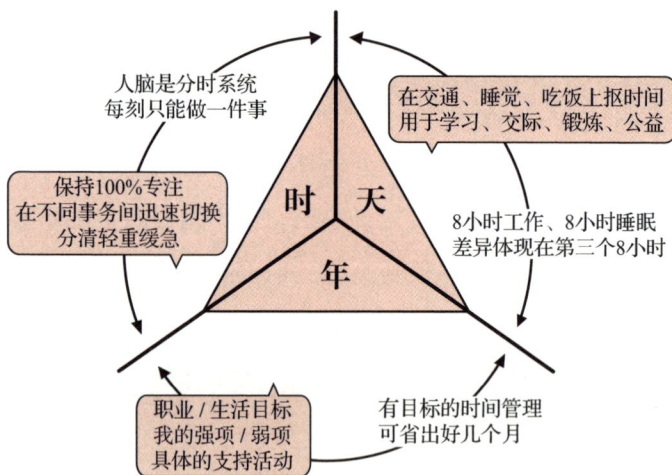

图 3-3 时间管理的三个层次

1. 以年为单位的时间管理

每年1月，我都会制订新一年的行动计划，并且审视去年的实施情况。这个计划包括：

（1）职业 / 生活目标；

（2）我的强项 / 弱项；

（3）具体的支持活动。

只有制订了一年的计划，我才知道有朋友叫我去唱歌的时候是不是该拒绝，我才知道晚上是不是应该放弃看《康熙来了》而研读逻辑，我才知道要定期在当当上买书，终身学习。以年为单位的"有目标的"时间管理，帮我省下来的是若干个月的时间。

2. 以天为单位的时间管理

上天公平地给了每人每天 3 个"8 小时"。第一个"8 小时"，大家都在工作，第二个"8 小时"，大家都在睡觉。人与人的区别都是第三个"8 小时"创造出来的。

如果你每天花 3 小时上下班、2 小时吃早中晚饭、1 小时看电视，那你自由支配的时间就只剩 2 小时了。你可能会非常节省地用它来陪女朋友看电影，或者健身、唱歌、打游戏。但是如果你能从交通、睡觉、吃饭上分别省出一些时间并把它们花在学习上，你的学习进步速度将是惊人的。如果你把这些时间花在拓展交际、锻炼身体、参加公益上，你的人脉增长速度也将是惊人的。

3. 以小时为单位的时间管理

人类和 CPU 一样，都是分时系统，只不过芯片每秒分成上亿份，人类一小时分成四五份。

每个时刻我们只能做一件事情，如果被打断再转回来，就会有一定的时间被浪费在回忆刚刚在做什么、做到哪里上。所以，我们需要锻炼在不同事务之间迅速切换的本领，这样就会更加有效地利用每小时的时间，在每个时间段里做到 100% 的专注。这需要我们借助工具，把事情分为"轻重缓急"，然后按照规律去依次处理。

如果你不能以年的方式来管理时间，那么白白浪费掉的时间就会让以天、以小时为单位的时间管理变得毫无意义。如果你不能在每一天、每一小时上有所节省，那么每年的时间也无法真正得到管理。这三个层次是缺一不可的。

时间管理是一种习惯

一位朋友听完我的时间管理理论后，皱着眉头说："如果每个人都这样来管理时间，生活还有什么乐趣？"

这不是第一次有人来问我这样的问题，所以我很自然地回答他：我们来做一个实验，请把你的双手十指交叉，紧紧地握在一起，不要松手。现在来看一看，哪只手的拇指在最上面？右手还是左手？紧接着，请你的几位同事也照做一遍。咦？他们中有人与你不同！那么，让我们来改变一下，试着故意让另一只手的拇指在上面。是不是很别扭？你做起来这么别扭的事情，怎么他就做得那么自然呢？你做得那么自然的事情，怎么他就做得那么别扭呢？

是的，这就叫"习惯"。习惯，就是别人做起来那么别扭的事情，你可以做得非常自然。

你要去夏威夷旅行，这是一个非常难得的机会，你会怎么安排这五天的旅程呢？你有两个选择：

（1）制定一个详细的日程表，列出每天早上去哪里、中午在哪里吃饭、下午去哪里。仔细审视，保证不会漏掉任何一个重要的景点，然后再出发。

（2）不制定任何日程表，只管带足胶卷，五天随性游玩，到喜欢的地方就多待一段时间，甚至住下来，到不喜欢的地方就立刻走。精心计划反而会破坏游玩的心情。

你肯定会说："这还用说？当然是……"不急，问问你身边的其他五位朋友，你会惊叹："怎么？他居然会喜欢这样旅游？太不可思议了！"

是的，在别人看来那么不可理解的行为，你却认为理所当然，这就是性格所致。

我刚学自行车的时候，不知道摔了多少跤。当时就很感慨：发明自行车的人不简单，第一个学会骑自行车的人更不简单。

但是，学会之后，我每天骑车上下学，到家时经常会有这样的感觉：咦，我是怎么到家的？完全不记得了！

骑车，已经成了一种习惯。当年为学骑车而痛苦的时候，觉得是车在骑我。在骑车成为习惯之后，才是我在骑车。开车同理。有朋友说："你开手动挡的车很痛苦吧？"我说："哪里，你不提醒我，我完全不记得我的右手在换挡，已经习惯了，一点都不痛苦。"

当我们把时间管理作为一项规则来遵守时，毫无乐趣可言，甚至感觉很痛苦，认为是时间在管理我们。但是，在时间管理成为习惯之后，一切就变得自然而然，这时才是我们在管理时间。

这和乐趣无关。觉得毫无乐趣，是因为那不是你的方式，不是你的习惯，不是你的性格。滔滔不绝的人觉得不善言辞的人无趣，不善言辞的人觉得滔滔不绝的人聒噪；精心计划的人觉得浪漫、随意的人不严谨，浪漫、随意的人觉得精心计划的人不灵活。这些都是一个道理。习惯不会让人痛苦，养成习惯的过程才会让人痛苦。

史蒂芬·柯维说过："想法产生行动，行动养成习惯，习惯变成性格，性格决定命运。"我们需要养成一些重要的习惯，接下来的，就交给命运了。至于应该养成什么样的习惯，以什么样的状态生活，是你自己的选择，不应该由别人决定。最关键的是，只要你享受其中，高兴就好。

小提示

时间颗粒度，就是一个人管理时间的基本单位。

有些人的时间颗粒度是半天，比如退休老人；有些人的时间颗粒度是 15 分钟，比如王健林；有些人的时间颗粒度是 5 分钟，比如比尔·盖茨。

在商业世界中，拥有受人尊敬的职业化素养——恪守时间，是一项非常基本的要求。而恪守时间的本质，就是理解并尊重别人的时间颗粒度。

除此之外，我们还根据时间管理的三个层次，把事情分为"轻、重、缓、急"，然后按照规律去依次处理。如果你不能在每小时上有所节省，那么每年的时间也无法真正得到管理。

时间管理，最重要的不是如何从 17 分钟里省出 17 秒，而是判断这 17 分钟值不值得用于做某事，以及如何用 17 分钟省出 17 小时。

正态分布、幂律分布和指数级增长

"骰盅魔咒"和"弯刀诱惑"

假如你有一个今年即将高中毕业的朋友，他特别聪明，在绘画和弹钢琴上都有天赋，现在需要明确未来的发展方向，他该如何选择呢？

为了回答这个问题，我们需要引入一个重要的概念——"边际交付时间"，即每多提供一项服务或一个产品所增加的交付时间。

你画画的时候，每画一幅画，都要花固定的时间。如果你把花 3 小时画的一幅画卖给一个人，那这幅画就不能再卖给其他人，你每多卖一幅画，都要多画 3 小时，边际交付时间很长。

弹钢琴的收入有一部分来自音乐会，但最主要的来自唱片、MP3、版权等。你花时间弹奏一首钢琴曲，制作成 CD 发售，无论卖 100 张、1000 张，还是卖 10 000 张，你花的演奏时间还是原来的时间，边际交付时间为零。

在绘画领域，即使你画得再好，因为时间有限，也永远不可能一个人满足所有市场需求。无数人在分食这个非常分散的市场，画得特别好的，收入会高一些，但也不可能垄断整个市场。年收入 5 万元以下的画家非常少，年收入 30 万元以上的也很少，但年收入 5 万～ 30 万元的却特别多，符合正态分布。这就是我称为"骰盅魔咒"的商业模式。

但是钢琴领域不同，由于音乐的可复制性，边际交付时间为零，理论上，一个人弹钢琴可以让全中国人听，那消费者为什么不选弹得最好的呢？以我为例，我不是音乐专业人士，我知道的钢琴家只有郎朗，我报不出第二个名字。由于钢琴市场符合幂律分布，存在头部市场，即一旦有人获得成功，他就有机会垄断整个市场，因此我称之为"弯刀诱惑"。

那么，本节开篇提到的那位朋友应该如何选择呢？理论上，两个都能选，但必须清楚，这两个发展方向未来的竞争格局是不同的。

选符合正态分布的绘画，他以后未必会获得巨大的成就，但也不可能因为被一个有巨大成就的人占据整个市场而没饭吃。

选符合幂律分布的钢琴，他可能会很难成功，但是一旦成功，就是巨大的成功。获得巨大成功的前提是大部分人在这个市场里碌碌无为，所以他要承担极高的风险。所有人都成为头部是绝对不可能的，成为头部所带来的效益，就是建立在大部分人无法分食的基础上。

在符合正态分布的市场上，就像有一股力，这股力会把做得很差的人努力往中间推，同时也把成功的人往中间推。

这股力把所有人都往中间推，所以这个市场上头部和尾部的人很少，中间的人很多。而符合幂律分布的市场则正好相反，中间的人要么被推上去成为最成功的，要么被推下去变成碌碌无为者，所以这个市场上中间的人很少，头部和尾部的人很多（见图 3-4）。

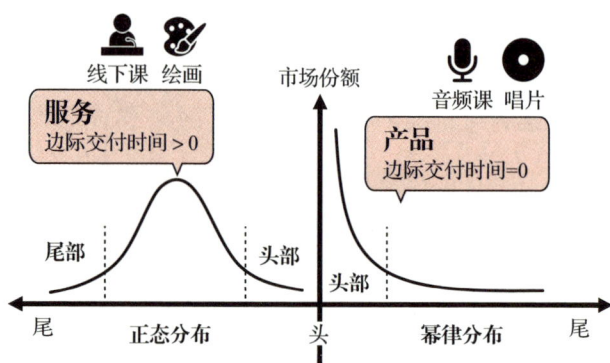

图 3-4　正态分布与幂律分布

商业世界里的大部分商业模式都被正态分布和幂律分布这两个数学模型主宰着。

如何正确理解指数级增长

理解正态分布和幂律分布这两个模型有一个重大的价值，就是能更加理性地理解各种商业逻辑，比如指数级增长。它会使你更容易做出判断：哪些商业有机会实现指数级增长？哪些商业是你揣着指数级增长的心，但永远不可能做出指数级增长的实？

举个例子，开理发店会获得指数级增长吗？

如果你开的是单独的一家理发店，那么是不可能获得指数级增长的。因为给一个人理发就需要 1 小时，边际交付时间很长，且一天能理的人数很少，这也导致全中国的理发市场一定是极度分散的，分散到像一盘沙子，因此，这个市场必然是一个符合正态分布的市场。

如果你做的是连锁经营，虽然有做大的机会，骰盅中间部分会稍高一些，但是连锁店越多，人员越多，管理复杂度也是呈几何级数增长的，管理复杂度的力会把它往中间、往平庸的方向去推。因此，要想做大，阻力也是巨大的，就像飞行速度达到一定程度，比如超音速时，要突破音障是非常困难的。所以，虽然连锁经营的理发店也有做得不错的，但是至今没有一家可以占据中国理发市场 50%～ 70% 的份额。

互联网却不同，在订票、团购领域，第一名和第二名加在一起，基本上会占据整个市场 70% 以上的份额。因为订票网站不需要开航空公司和酒店，团购网站也不需要开餐厅和旅游景点，它们是做匹配的，边际交付时间都为零。

我们要明白一个非常重要的道理：不是每行每业、每一种商业业态都能实现指数级增长。如果你希望实现指数级增长，那么最重要的一点是，记住即使你所在的行业存在边际交付时间，你也可以把边际交付时间不为零的部分剥离出去，把边际交付时间为零的部分留给自己做，这样你才有机会实现指数级增长。

比如，餐饮行业几乎不可能实现指数级增长，因为餐厅需要给每一个就餐的人做饭，边际交付时间很长。做成包装食品放在超市里卖有可能实现指数级增长，但在饭店交易是没有可能的。

因此，每一家单体经营的麦当劳直营店或加盟店，都不可能获得指数级增长。但是架构在其之上的麦当劳集团，把边际交付时间不为零的部分剥离出去交给别人做，通过标准化的经营方式，把那些做法、流程、配方和品牌等边际交付时间为零的部分留给自己做，却实现了快速增长。

再比如帆书（原樊登读书），它之所以能获得指数级增长，是因为樊登把组织各地线下读书会（如聚会、探讨等）这类边际交付时间很长的部分剥离了出去，让合作商来做，樊登只做抽象出来的"每年读50本书"这件事。虽然他要花时间录音，但是给3000人听和给10万人听，成本是一样的，边际交付时间为零。

所以，要获得指数级增长，必须在不同的商业领域、不同的模式之间做出正确的选择。总体来说，边际交付时间越长的，越不可能获得指数级增长；边际交付时间为零的，才有可能实现指数级增长。对于边际交付时间不为零的行业，有一种方法可以获得指数级增长，就是把边际交付时间不为零的部分剥离出去，给别人做，自己只做那些抽象的、边际交付时间为零的部分。

变革时代的行业选择

理解这两种有趣的数学模型以及指数级增长的商业逻辑，对大部分人来说有什么用呢？不管你是创业还是打工，它都可以帮助你选择行业。

比如，你恰恰可以考虑避开指数级增长的行业。这些行业竞争惨烈，只有少部分人可以获得巨大的胜利，大部分人都会因为幂律分布规律而被推向两边，他们要么被推向指数级增长的头部市场，要么被推向尾部市场，最后一败涂地。基于此，你可以避开这些行业去选择边际交付时间不为零的行业，因为在这样的行业里，那些互联网巨头是不可能直接干掉你的。

在今天这个行业大变革、商业模式巨变的时代，我们发现，在三大产业里，服务业是一个非常值得开发的产业。

什么是服务业？我们先来定义"产品"和"服务"：边际交付时间为零的叫产品；边际交付时间不为零的，且边际交付时间越长的，越倾向于被视为服务。

比如，我在线下给大型企业做战略顾问，这显然是服务；我去公开场合做演讲、去企业做内训，这也是服务，因为我的边际交付时间是很长的。即使是中国最贵的商业顾问之一，也是一个服务者。

而《5分钟商学院》则是产品。我每天都花5～7小时来录制课程，但是音频发布之后，无论是3000人来听、10万人来听，还是100万人来听，我都不会因为人数的增加而花费更多的时间，边际交付时间为零，所以我提供的是产品。

除了录制之外，我每天还会花2小时来回答学员的留言。这看上去好像是服务，但实际上却是产品，因为我回答的时间是固定的，无论多少人来听，我的回答都需要花费1～2小时，边际交付时间也是零。这导致内容付费这个市场有机会形成幂律分布中的头部市场，少部分人会因此获得巨大的集中效益。

而对大部分人来说，边际交付时间不为零、符合正态分布的服务行业就特别重要了。

中国的商业环境正在发生巨变，服务业对目前的中国经济有着非常重要的作用：对求职者来说，服务业是"就业池"，每个人都必须花时间提供服务，才不会轻易被机器和算法替代。对创业者来说，服务业是"避风港"，符合正态分布，中间可以容纳很多中小企业。但是中小企业创业者也要清楚，一旦进入这个避风港，把企业做大的可能性就会变得很小。当然，做得相当成功的人也不少，只是很难达到马云那样的成功。

所以，在这个变革的时代，进入服务业是一个不错的选择。

小提示
> 正态分布和幂律分布是主宰商业世界的两个数学模型，它们的核心区别在于边际交付时间是否为零。只有边际交付时间为零，或者剥离出去边际交付时间不为零的部分，企业才有机会获得指数级增长。同样，我们还可以用边际交付时间是否为零来区分"产品"和"服务"。除了在符合幂律分布的市场中险中求胜，创业者和求职者还可以考虑进入符合正态分布的服务业。
>
> 每一件事情背后都有其商业逻辑，把上述基本的商业逻辑和第一性原理搞明白之后，你就会有一双慧眼，能够看明白很多复杂的商业问题。

人脉的本质是给予价值、平等交换

很多人问我："润总，你认识那么多业内牛人，你平时是怎么经营人脉的呢？"我说："创造价值。"你能创造什么样的价值，就会认识什么样的人。

坦白地说，我自己几乎是不花时间来经营人脉的。

我个人认为，君子之交淡如水。好的人际关系，没有必要天天一起吃饭，或者逢年过节送个礼。很多人想方设法地去讨好别人或者努力经营人脉，就是为了有一天对方能帮到自己，这种状态是不对的。

费尽心思结识牛人，拍张合影，加个微信，对方就能变成你的人脉吗？不能。如果你对对方没有价值，对方为什么要帮助你呢？只有当你能帮到他的时候，他才会来帮你，这就叫双赢。

所以，经营人脉始终要保持的一个基本心态是：毫无保留地把自己的价值贡献给别人。

要想尽一切办法，毫无目的地帮助别人。

当你经过长期的积累，成为某个领域的专家，拥有了有影响力的作品时，那些真正有意义的人脉才会蜂拥而至。一个优秀且有价值的人，自然会吸引其他优秀且有价值的人，并获得认可和帮助。

要想认识更多优秀的人，得到更多的认可，首先要让自己优秀起来。人脉不在多，在精。

当你没钱、没资源、没背景的时候，唯有你的实力、业绩、作品，才是让你在绝境之中脱颖而出的最佳武器。没有真本事，无法帮助到别人，就算你认识的人再多，他们也不会是你的人脉。

人脉的本质是平等交换（见图 3-5）。

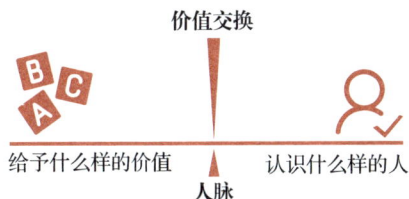

图 3-5　人脉的本质是平等交换

当你把自己变得足够优秀的时候，赞美、认可、人脉，你想要的一切才会纷至沓来。

只有优秀的人，才拥有有效的人脉。

你能为别人创造多大价值，你就有多大价值

一个人的财富基本盘，由两个组成部分：

第一，此人自己的本事；

第二，此人和其他人联结的本事。

前者是 1，后者是 1 后面的 0，而且，后者是前者的放大器（见图 3-6）。

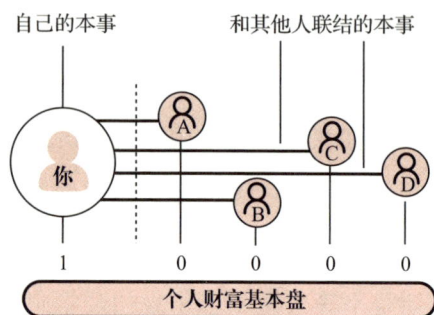

图 3-6　人脉的本质是给予价值

　　有句话说得很好：学到的就要教人，赚到的就要给人。教人、给人以及结识人的背后，并不是某种商业诉求和目的，而是顺其自然、发乎于心。一段合作关系，最初越是刻意、功利，越是不加掩饰、急不可耐，就越有可能和初衷背道而驰。

　　所有的合作，都是先基于了解和信任，然后不断地把自己变得有价值，为身边的人创造价值，才得以实现的。

　　2005 年，我和朋友们共同创立了公益网站"捐献时间"，像淘宝一样匹配志愿者的需求和供给。这个网站成立一年后，有超过 4000 人注册成为志愿者，其中，564 名志愿者参与了 61 个机构组织的 227 场志愿者活动，捐献了自己宝贵的 3071 小时，使得 21 822 人受到了帮助。

　　这意味着，每 3 小时就有志愿者通过"捐献时间"捐出自己的 1 小时；每 24 分钟，就有 1 个人获得帮助。

互联网的力量第一次在公益领域产生了如此大的作用，无数媒体争相报道。中央电视台专门派了一位叫梁铮铮的记者飞到上海，与我们谈合作。2007 年，"捐献时间"由央视接手，启动"慈善1+1"计划。

因为和央视合作，我认识了一位央视的导演。有一天，这位导演说介绍一个人来做采访，她的名字叫江欣荣，是首届中华小姐环球大赛的冠军。

聊完之后，双方都觉得不错。江欣荣想到香港也有家企业想做公益，正在考虑采用什么形式来运作，觉得我可以和那位企业家聊聊，帮忙指点一下，于是就把我转介绍给了另一个人。

在去见这个人之前，我并不清楚他是谁，而江欣荣以为只要说出了这个人的名字，我就会知道，因此也没做详细介绍。一起吃完饭之后，我回去一查，才知道这个人是当时香港恒基兆业集团的执行董事及副主席李家杰（"亚洲股神"李兆基的长子）。

我们就这样认识了。

2008 年，李家杰牵头，成立了一个公益机构，叫作"百仁基金"。百仁基金的创始人有 43 个，我是其中之一，另外 42 个都是香港的富二代。大家聚在一起，就是为了能给社会做一些贡献。而百仁基金所做的事情，其实就相当于把"捐献时间"在香港又做了一遍。

多年之后，我离开微软，创立润米咨询，恒基兆业集团又成了我的客户，而我也成了李家杰的私人商业顾问。

李家杰是我的第一位咨询客户，从此，我正式开始了商业顾问的生涯。

巨大的事物，总有细小的开头。其中的每一环，一直能够追溯到最初的那个微小的善念，一环扣一环，形成一个因果链。

我做这些事情，除了运气使然，事先都没有任何商业目的。

我从来没有抱着某种目的去主动认识他人，而是踏踏实实做事，为别人分享价值、创造价值。

让别人记住你，才会有认识、合作的机会。不然，即使要到了名片，加了微信，合了影，别人也不一定会成为你的人脉。

真正的人脉，本质是给予价值、平等交换。你能给予什么样的价值，就会认识什么样的人。你能为别人创造多大价值，你就有多大价值。

你能帮到的人，才是你的人脉

很多人来找我，问我是否认识某个人，然后请求我牵线搭桥。如果我对请求牵线搭桥的这个人有一些了解，觉得他比较靠谱，我就会让他写一段东西，帮他转给他想认识的人。

　　如果他说不能写，但又说介绍了必有重谢，那我基本就不会搭理他了。因为所有的合作，都是建立在对双方都有价值的基础上的。一个人想认识另一个人，是因为他认为对方对自己有价值。但是，如果我要介绍这两个人认识，必然是基于一个判断，那就是他对对方也有价值。但他对对方有没有价值，我无法判断，只能交给他自己来进行判断。

　　所以，让他写一段东西我帮忙转交，已经是最大的面子了。如果因为重谢而介绍了一个不靠谱的人给我的朋友，这就相当于我用"重谢"的价格，出卖了我的信用。

　　多重的"重谢"，才能买得起我的信用呢？

　　若是对双方均有价值的事情，介绍双方认识就是成人之美，应分文不取；若是对单方有价值的事情，介绍双方认识就是出卖自己的信用，而信用重金不卖。

　　你要不要认识一个人，关键在于他想不想认识你。这个决定权在他，不在我。

　　如果想要积累人脉，那么你能做的就是不断积累自己的价值，并不断输出自己的价值。

　　当你能够帮到越来越多厉害的人时，你的人脉才会越来越广，人脉的质量也会越来越高。

　　那些能帮到你的人，不是你的人脉；只有那些你能帮到的人，才是你的人脉。

真正的人脉，就是"10-30-60"

关于人脉，冯仑先生有一个理论：在正常情况下，人一生中的交往关系是"10-30-60"（见图 3-7）。

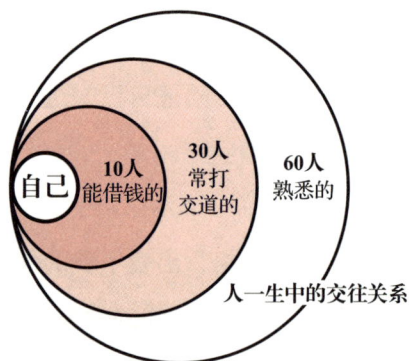

图 3-7　人一生中的交往关系"10-30-60"

当你遇到危难时，能借钱的对象不超过 10 个人。每天你都可以想一遍，谁能够借钱给你？就算是把亲戚、父母、朋友都加上，你能张口借钱的对象也不会超过 10 人。

再往外一层关系就是经常打交道的人等，这些人加起来大概不超过 30 人，其中还包括前面所说的那 10 人。所以，虽然你电话本里的人有很多，但其实多数你都记不住，有时候甚至全忘了。

最外一层关系是所谓的熟人，就是打电话的时候能记起，也大概了解他的背景，但可能很长时间都没有见的那种朋友。这些人最多也就是 60 个，这 60 人还包括前面所说的 30 人。

所以，人这一生，其实不需要太多的关系就能应付。

需要花精力去了解的人其实很少，不会超过 60 个。只要把与这 60 人的关系维系好，就够你用一生了。

小提示
想要积累人脉，你能做的就是不断积累自己的价值，并不断输出自己的价值，去帮助别人。

如果你不断发光发热，都帮不到一些厉害的人，那只能说明你暂时对他们来说是没有价值的。他们暂时还不是你的人脉。等到有一天，当你有能力帮到他们的时候，他们才会成为你的人脉。

记住，健康的人脉，是双方的共赢，而不是单方的消耗。

知识、技能与态度

有一次，我在一所大学演讲，一位同学问了我一个问题："老师我想问，大学学的知识对你现在的工作有多大的帮助？"

这是一个好问题。我稍微犹豫了一下，回答说："不到10%。"

为什么这么说？

我这一生只能学会三件事，就是知识（Knowledge）、技能（Skill）和态度（Attitude）（见图3-8）。

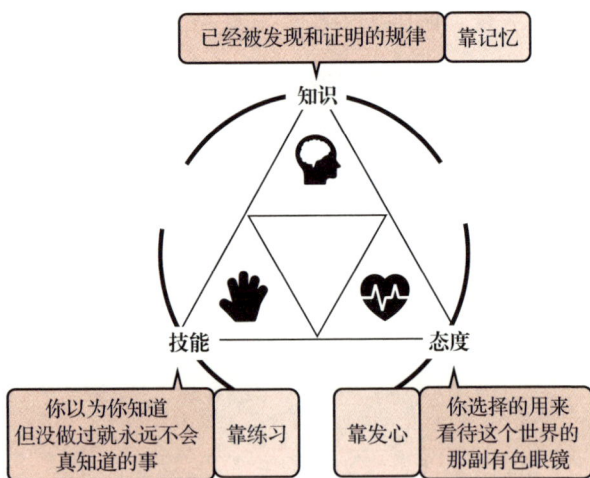

图 3-8　知识、技能与态度

知识

什么是知识？知识就是已经被发现和证明的规律。它是确定的，不需要你通过自身的成功、挫败去验证，然后恍然大悟。

比如，"1+1=2"是确定的，绝不会等于 3，也不可能等于 0.5。这不是脑筋急转弯。再比如，供给大于需求，价格就会下降；把商品放对了心理账户，会增强消费者购买的意愿……这些都是确定的。

学习知识的方法简单而直接：通过"记忆"，把知识分门别类地存放在你的"存储脑"的某个"抽屉"里。

在大学里甚至整个学生生涯中，我们所学的大部分都是知识，数学、物理、化学、地理、历史、生物、生理卫生……都是知识。所以，检查一个人有没有学会的方法是做题，比如，请他列举南昌起义的四个重大意义、默写李商隐的《无题》，等等。

但知识是有适用边界的，甚至是有保质期的。你生命中最有知识的时刻，几乎是你高考的最后一天，第二天估计就忘了一半。我在大学里学到的知识很多，但现在还有价值和时效的已经不多了。现在对我最重要的知识是写邮件的知识和开会的知识。

工作一直在变，要求一直在提高，我一直在学习，一直在不断地更新自己的知识。不学习就要被超过。学习知识，要用"脑"。

技能

比学习知识更重要的，是学习技能。

什么是技能？技能就是那些你以为你知道，但如果你没做过就永远不会真知道的事情。

很久以前，有人教过我怎么同时抛三个橘子：第一，用左手把橘子抛到空中；第二，立刻把右手的橘子交到左手，并等待落下的橘子；第三，等上升的橘子到了最高点，抛出下一个。要领很简单，我很快就记住了。可是到今天，我还是做不到。为什么？因为我缺乏练习。抛橘子之所以叫"技能"，就是因为它是"学"不会的，要靠"习"，要用"手"。

还有哪些是技能呢？骑自行车是技能，你永远"学"不会骑车，只能靠练"习"，甚至练到浑身瘀青之后，才能掌握这门技能。演讲是技能，你读了100本教你如何演讲的书，但如果从不上台，恕我直言，你还是一辈子都"学"不会演讲。谈恋爱也是技能，但很可惜你一辈子也谈不了几次恋爱，所以，因为缺乏练习，自古以来地球人都不擅长谈恋爱，等你真的"习"得了这种能力，估计已经用不上了。

仔细想想，我们是不是常说沟通"技能"、谈判"技能"、演讲"技能"、管理"技能"，却不说沟通"知识"、谈判"知识"、演讲"知识"、管理"知识"？因为这些都只有靠练习才能变成条件反射，存储在你的"反射脑"中。

态度

最难学的，是态度。

什么是态度？态度就是你选择的用来看待这个世界的那副有色眼镜。

比如，你觉得这世界是友善的，还是充满恶意的？你觉得诚信的人是值得合作的聪明人，还是可以用来欺骗的傻瓜？你是觉得商业利益是满足客户的顺带结果，还是认为满足客户是获得商业利益的一种手段？

每个人心中都有一扇门，无论外人如何呼喊、冲撞，这扇门始终只能从里面打开。态度是没有人可以教的，态度是你的"心"的选择。

历史上，知识、技能达到极致的人很多，丘吉尔、希特勒都是。但是他们选择了完全不同的态度，于是对世界产生了完全不同的影响。

态度源于心灵。所以有人说，态度决定一切。

小提示　总结而言，对我今天有帮助的，态度占超过 50%；技能占大概 30%；知识只占不到 20%，其中，来自大学课堂的知识已经不到一半了，所以我有如上的回答。

关于知识、技能、态度，我给你两个建议：

第一，不要把知识当技能学。有一些"实战主义者"，只相信自己感悟的东西，说"听了那么多道理，还是过不好这一生"，所以拒绝学习前人思考总结出来的客观规律，把知识当技能学，通过四处碰壁，总结出一些似是而非的经验。这就是"重新发明轮子"。你的顿悟，可能只是别人的基本功。只有站在前人的肩膀上，人类才能不断进步。

第二，不要把技能当知识学。有一些"理论主义者"，喜欢通过买书来学习。想学演讲，买本书来看看。想学谈判，买本书来看看。想知道怎么看书，也买本书来看看。你能买到的书，教的都是练习技能的步骤，而不是技能本身。这就是为什么我们说"纸上得来终觉浅，绝知此事要躬行"。

用脑学习知识，用手学习技能，用心学习态度。把知识学以致用，把技能练成艺术，那么你用心相信的东西就一定会实现。

心态高过云端，姿态埋入地底

在一次私董会上，我给大家讲了三个概念：自污、示弱、看淡（见图 3-9）。

这三件事，看上去都是把自己踩在地板上摩擦。凭什么，有必要吗？

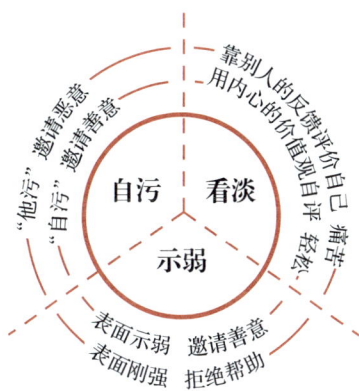

图 3-9　自污、示弱与看淡

自污

我在朋友圈里、微博上从来不维护自己所谓"高大上"的形象，而是经常用小龙虾、丑照、段子手来自黑，为什么？

因为"君子自污"。

什么叫君子自污？就是你浑身雪白地出门，就会有人忍不住往你身上泼脏水，对你满满的恶意。人们不相信"洁白无瑕"，或者不能忍受有人洁白无瑕。

事实上也没有。

那怎么办？

出门前，不妨往自己身上泼一些脏水。这样，别人看到你就会哈哈大笑，但是恶意全消。

你可能会想，这有什么意义？他污、自污，不都是污了吗？

其实，"污"不重要，因为这世上没有绝对洁净的东西。

重要的是，你是用"他污"邀请恶意，还是用"自污"邀请善意。

示弱

企业家都会极力展现自己刚强的一面。但其实，他们的内心有时非常脆弱。这是非常辛苦的，因为这种表面的刚强拒绝了所有外界的帮助和能量。

"这件事已经有了三个方案，个个都很棒，但我还是想给你一个机会，让你说说你的看法，虽然我不一定会听。"——这就是外表刚强，内心脆弱。

不如试着示弱，真诚地告诉别人："我需要帮助。"

"这件事我想了几天了，但一直都没想清楚，非常需要听听你的建议，是否可以给我一些帮助？"——这就是外表示弱，内心强大。

只有强大的内心，才会示弱。

示弱，会邀请能量，邀请善意，邀请帮助。

看淡

2006 年，我写了一篇文章《出租司机给我上的 MBA 课》，被疯狂传播。

很多人说我瞎编、无知、别有用心，说故事写得不错，但缺乏常识，太假了。在舆论的旋涡中心，无论往哪个方向看，看到的都是误解。怎么办？

这种时候，对一个人的自我评价体系是一个极大的考验。

如果你靠别人的反馈来评价自己，就会非常痛苦。你总想向别人解释，可是，如果是一两个人质疑你，你还能解释清楚，如果是几十万、上百万人误解你，你怎么解释？

这时，如果你用自己内心认同的价值观来评价自己，就会瞬间看淡所有的误解。

你会觉得：他们怎么评价，是他们的事；我对我自己的看法，只和我自己认同的价值观相关。

这是一种很难的修炼。但是如果炼成，你会真正地看淡。

小提示

自污、示弱、看淡这三件事，看上去都是把自己踩在地板上摩擦。凭什么，有必要吗？

有必要。

因为只有"心态高过云端，姿态埋入地底"，你才可以拥有最高尚的朋友，而没有最低微的敌人。

人人都应该是自己的 CEO

每个人都是一家"无限责任公司"，与世界进行价值交换，我们每个人都是自己的 CEO，用一生的时间来经营自己，追求成功。

而刚刚毕业的大学生、初入职场的年轻人，就像是一家刚刚起步的创业公司，未来是光明的，道路却是曲折的，一不小心，可能就会夭折了。

可能你最关心的，是自己这家公司一年有多少收入，能获得多少成长，会不会为了一顿晚饭劳心伤神，是不是每天都要忍受拥挤不堪的地铁、蜗居在几平方米的合租房里，能不能坚强勇敢地活下去。

在真实而残酷的世界里，我们要如何左冲右突，浴血搏杀？怎样才能从新手阶段的手无寸铁，发展到学会刀枪剑戟、斧钺钩叉，能独当一面，独步天下？

你和企业，本质上是合伙关系

想要在企业里获得更高的收入、更多的成长，我们首先要明白自己与企业的关系。

所有企业和员工的关系，本质上都是合伙关系。

你可能会说："不是吧，企业与员工难道不是雇佣关系吗？我们给老板打工，拿一份微薄的工资，怎么就成了高大上的合伙关系呢？”

在《5 分钟商学院》里，我举过一个例子——“优先劣后”的分级基金。

我出 1000 万元，你出 3000 万元，我们成立一支共同基金，一起打理和经营。如果亏钱了，先亏我的这 1000 万元，万一钱都亏光了，我们可以选择关闭基金，把 3000 万元还给你，避免你的亏损。

居然还有这样的好事？是的。不过赚钱了，我也要多赚一点，8% 以内的收益给你，超过 8% 的收益都归我。

你不承担风险，收益自然是有上限的；我承担风险，也要享受风险所带来的收益。

你优先，我劣后，这就是我们的合伙关系。

所以，雇佣关系本质上也是一种合伙关系。

你加入了一家企业，就相当于企业与你一起，成立了一只分级基金，只不过你优先，企业劣后。

在你与企业的合伙关系里，即使企业亏损，直到企业关门倒闭的那一天，员工都有薪水领，而老板则可能会卖房、卖车，甚至输掉自己的全部身家。老板承担着更大的风险、更大的压力，因此，如果企业成功了，他多得一些也是应该的。

一个人只有明白了自己与企业的关系，才能用更加认真、端正的态度来对待工作，实现自身的价值。

工资、奖金、股权、价值观

明白自己与企业本质上是合伙关系后，你可能会问这样的问题："那我和企业之间的利益应该如何分配呢？"

在资本与人才的关系中，大致有四种不同的利益分配形式，分别对应着不同的贡献程度和风险大小（见图 3-10）。

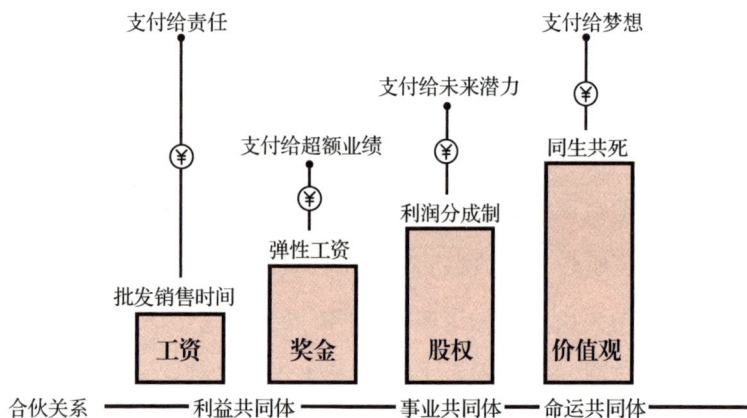

图 3-10　四种利益分配形式

1. 第一种利益分配形式是工资

对初入职场的年轻人来说，收入的主要来源是批发销售自己的时间得来的工资。

雇主把员工一天的时间、一个月的时间、一年的时间以一个统一的价格一次性买走了，亏钱了也必须照样发给员工工资，但是赚钱了不能谈要分多少，因为员工的时间早就被老板一次性买断了。

工资是支付给责任的，一个人想要涨薪，就必须提升自己的能力，承担更大的责任。

所以，我们只有磨炼好自己的"金刚钻"，才有能力去揽更多的"瓷器活"。

活做得好，钱自然多。

2. 第二种利益分配形式是奖金

奖金本质上是一种弹性工资，是支付给超额业绩的。

老板今年给你定的销售业绩是 200 万元，但是你业绩出众，超额完成，达到了 250 万元的销售业绩，那么你就应该获得额外的奖金，分得更多的利润。

看到这里，有没有觉得奖金制度有点像刚刚我们说的合伙制度？

老板会为你的苦劳鼓掌，也会为你的功劳颁奖。

当你努力工作，完成超额业绩时，既能拿到工资，也能拿到奖金，你自己这家一开始小小的创业公司，就又成长了一分。

3. 第三种利益分配形式是股权

工资支付给责任，奖金支付给超额业绩，那么股份又支付给什么呢？

股权有很多形式，比如分红权、期权、股票等，但是股权的本质是"利润分成制"，是支付给未来潜力的。

这家企业、这个业务接下来将会如何发展，谁也不知道，外部环境凶险莫测，竞争对手虎视眈眈，尽管如此，企业每个月还要给你开工资，压力太大。

这时，老板也许会和你商量，让你把眼光放长远一些，说服你拿低一点的工资、少一点的奖金，但给你20%的股份，以后企业赚了钱你就可以分钱。

这时，你和企业的合伙关系就发生了变化，从一开始的利益共同体转变为事业共同体。你承担的责任更大、风险更大，但你也从给老板打工变成与老板一起创业了。

4. 第四种利益分配形式是价值观

价值观，就是为共同的梦想工作，哪怕企业不给你工资，不给你奖金，全世界的人都拦着你，你也一定要做成这件事。这时，你和企业不再是利益共同体，不再是事业共同体，而是命运共同体，同甘共苦，同生共死。

看完这四种不同的利益分配方式，年轻的 CEO 们，你现在属于哪一种，又向往哪一种呢？

从打工者到创业者，从普通员工到 CEO

了解了员工与企业的本质关系，也明白了四种不同的利益分配方式，你可能还是有点迷迷糊糊、懵懵懂懂：我到底应该如何成长？

举个简单的例子。你可能是刚刚走出校门的应届毕业生，满怀欣喜地进入一家公司，从事销售工作。在前两年，你也许只是一个销售助理，每个月拿着固定的工资，做着非常具体、繁复的工作，早出晚归，非常辛苦。

但是，心有梦想的你不愿意只拿固定工资，你渴望有更多的收入，更希望能独当一面。于是你拼命学习，努力成长，终于在第三年成为一名能够单打独斗的销售人员，有机会获得超额完成业绩的奖金。

在接下来的几年里，随着能力的不断提升，你一路过五关斩六将，将"金牌销售""冠军销售"等荣誉悉数收入囊中，你也因此获得了大笔奖金。

可是你还不满足，你发现自己所在大区的业绩已经饱和，连续三年的销售额都在 1000 万元左右，怎么都涨不上去了。你想要开拓更广阔的市场、追求更大的舞台，怎么办？

于是你和老板说："老板，我们合伙吧。"

你们成立了一家新的分公司，你出资 40%，老板出资 60%，双方共担风险，共享收益。你不再是老板的员工，而是成了老板的合伙人，你们是新的共同体。

就这样，你迈着坚实的前进步伐，从默默无闻的打工者，成长为名副其实的 CEO，你自己这家小小的创业公司也蜕变为雄霸一方的新独角兽。

小提示

有一句话，我特别希望与初入职场的年轻人分享：松鼠过河需要策略，而巨人过河则踏水而过。

当我们初入职场时，犹如一只小松鼠，面对名为"未来与无知"的汹涌湍流，往往会心生胆怯，不知所措。松鼠过河时通常会先跳到一块石头上，然后左顾右盼，寻找下一块可以落脚的石头，在害怕和纠结中艰难过河。

而巨人过河，不用看河流的深浅，也不用理会石头的分布，从容不迫，踏水而过。

每一个初入职场的年轻人，一开始都像是惊慌失措的松鼠，在冬天会为了一顿饭忧愁。可是随着不断的成长，时间和经历会把我们雕刻成自己想要的模样，我们终究会成为从容不迫的巨人。

因为，我们是自己的 CEO。

艺术家为人类带来自由

艺术家是什么？艺术家是黑客。而艺术作品，就是黑客的代码。

我们应该感谢艺术家，因为他们为人类带来了自由。

人体内的"奖励机制"

人体内，有一套"奖励机制"。这套"奖励机制"是DNA（基因）为了繁衍，生命为了延续而形成的，宗教认为它是被"设计"出来的，而进化论认为它是"物竞天择，适者生存"进化而来的。

这套奖励机制是什么呢？

就是你做了清单上的一些有利于生存、繁衍的事情，人体就会按量分泌一些令你愉悦的化学物质，作为对你的奖励。

你要是不做呢？人体就会分泌另一些化学物质，让你痛苦。

从这个角度来说，人体是DNA的宿主。

艺术家让人类不再受制于DNA

设计得再精妙的奖惩机制，也会有漏洞。

聪明的人类发现，看一幅美丽的画、听一首美妙的歌，会使自己或心生愉悦，或潸然泪下，或心潮澎湃，虽然这对生存、繁衍没有任何帮助。

为什么？因为艺术家在无意中找到了一些特殊的刺激

物，通过人体的感官，把这些刺激传入人体，可以绕过奖惩系统，使人体直接分泌化学物质（见图 3-11）。

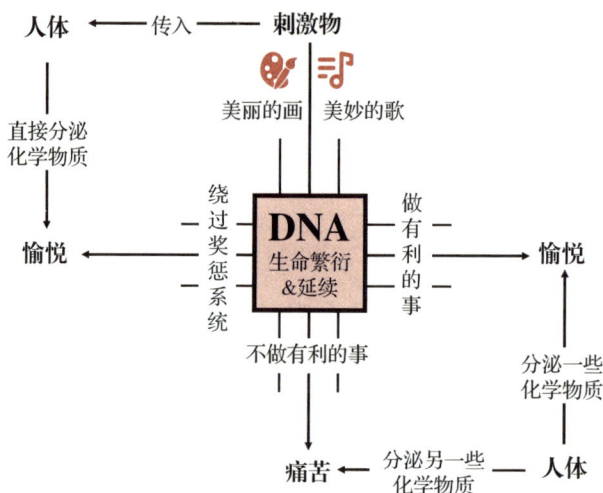

图 3-11　艺术家为人类带来自由

DNA 很想将其修复，但是这套系统的代码量实在是太庞大了，所以，几十年甚至上千年来都没能修复。

而且，通过艺术品"黑"进奖励系统分泌的化学物质，量很小，也不值得修复。

所以，几千年来，人类就利用这个漏洞和 DNA 的容忍来取悦自己，在艰难的生活中寻找些乐趣。

小提示　艺术家，都是黑客。他们给人类找到了自己控制化学物质分泌的方法，使人类不完全受制于 DNA。

艺术家给人类带来了自由。

第 4 章

理解他人的底层逻辑

理解 What、Why、How，才能知行合一

作为一名商业顾问，我经常会带领一些企业家开私董会。每一次开私董会，都会有一位学员提出自己在企业管理过程中遇到的问题，并接受大家的询问，大家会给他一些帮助和建议。

开了很多次私董会之后，我发现了一个特别有趣、值得每一个人重视和思考的现象：很多坐在这里寻求别人帮助的人所提出的问题，并不是一个问题，而是一个答案。

举个例子。有一次，一位学员提出了这样一个问题：我怎么才能给我的高管降薪？

大家听到这个问题之后，就开始围绕着这个问题提问，比如"你给他降薪他有可能会离开，你希望他离开吗？"，试图帮他找到解决这个问题的答案。但是，大家讨论了一会儿，并没有找到可行的方法。

这时候，我引导大家去思考一个问题：为什么他会提出给高管降薪这个问题呢？

这位学员解释说，他的公司快上市了，有一次接受访谈，对方问公司的愿景是什么，价值观是什么，战略方向是什么，未来要做什么事情，谁知道他公司的五个高管的回答都不一样。

这让他特别恼火。这五个高管都是他花了大价钱从外

面请来的，但是业绩做得都不是很好，远远没有达到他的预期。加之，这五个人对公司的愿景、价值观等问题的认识居然都没有达成一致。他觉得，他们不值现在的价钱，所以他决定给他们降薪。

在这种情况下，他才提出了这次私董会上所问的问题。

了解了前因后果之后，大家才知道，原来"给高管降薪"其实并不是他的问题，而是他想出来的能解决问题的答案。

我们往下深挖一层，发现公司业绩不好、高管的认识没有达成一致，才是他真正的问题。而他认为，给高管降薪是解决这个问题的答案。

但是，给高管降薪，真的是解决这个问题的答案吗？如果大家按照他的思路，帮助他解决了如何给高管降薪这个问题，那么也许并不能给他真正的帮助，反而会给他的公司带来更大的麻烦。

所以，他提出的其实并不是真正的问题，而是一个他试图用来解决真正问题的答案。这种时候，盲目地顺着他的思路去回答他的问题，可能反而会害了他。我们应该做的，是先去理解他为什么会提出这个问题。

我们描述一件事情，有三个角度：What（是什么）、Why（为什么）和 How（怎么办）。

这是三个非常神奇的词，很多人在表达中容易混淆它们，最后就会变成这样的情况——我觉得我表达得很清楚，但是对方却完全没听明白。

在那位学员的问题"如何给高管降薪"中，给高管降薪，是 What；如何给高管降薪，是 How。What，成了 Why 的答案；而 How，成了 What 的答案。

在理解 What 和解决 How 之前，更重要的是，需要首先理解 Why。理解了 Why，才能找到他所面临的真正问题。

重新定义这个真正的问题之后，再去找到 What 和 How，这个 Why 才能被解决。否则，问题可能会越来越严重。

如果在描述事情的时候，能把 What、Why、How 区分清楚，对一个人来说，就是一个巨大的提升。

鸡同鸭讲，只因混淆了 What、Why、How

在一次私董会上，我问一位学员："你的公司是做什么的？"

他想了一会儿，回答说："我们公司能够帮助合作伙伴用最快的速度赚到更多的钱。"一句话就把公司的价值讲完了。他觉得自己讲得言简意赅，非常清楚准确。

但是，我问其他学员："你们听明白了吗？"大家一头雾水，都说没听明白。

为什么呢？

因为大家想听到的是"What"，而不是"Why"。

我问学员的问题是："你们公司是做什么的？"如果让你

来把这个问题归类，它到底属于 What、Why、How 中的哪
一类问题？

如果是关于 What 的问题，则应该问："你们公司做的
是什么事情？"

如果是关于 Why 的问题，则应该问："你们公司为什么
做这些事情？"

而如果是关于 How 的问题，则应该问："你们公司是怎
么做这些事情的？"

显而易见，我问他的问题是 What 的问题。这个时候，
他只要回答他们公司具体是做什么事情的就可以了。

比如，如果这位学员的公司是做冰激凌的，就回答说：
"我们公司是做冰激凌的。"

那么，如果别人问的是关于 How 的问题，如"你的公
司是怎么赚钱的呢？"，那么你该怎么回答呢？你可以回答：
"我们通过分销商，最终卖到客户手上。"如此等等。

如果别人问的是关于 Why 的问题，如"你的公司为什
么可以做得很好？"，这时候，你再告诉对方，你们公司的价
值是什么，你们用的原料比别人好，等等。

而那位学员回答说"我们公司能够帮助合作伙伴用最快
的速度赚到更多的钱"，这是公司的价值所在，是 Why 的
答案。

我们问了一个关于 What 的问题，却得到了一个 Why

的答案，所以，最终大家都没有听明白。

这就是这次沟通的问题所在。

我们常说的"鸡同鸭讲"，很多情况下，其实都是因为混淆了 What、Why、How。

所以，在沟通的时候，你一定要搞清楚，对方想听的是 What、Why 还是 How，而你自己所表达的是 What、Why 还是 How。

只有当你所表达的和对方想听的相匹配，你们的沟通才是有效的。

怎么才能做到知行合一

理解了 What、Why、How，我们再来理解一个更深入的问题：什么叫作"知行合一"？

很多人说，听过很多道理，却依然过不好这一生。通俗点说就是，我什么都知道，但我就是做不到。

领教工坊创始人肖知兴教授说，知和行之间隔着两个太平洋。而王阳明却说，知和行一定是合一的，如果不是，那么说明你并不是真的知道。他们俩到底谁说的对？

在我看来，他们两个的观点都对，我都赞同。

到底什么叫"真的知道"？如果让我来定义，"真的知道"就是你必须同时掌握 What、Why、How（见图 4-1）。

举个例子。"吃蔬菜有益健康"，这是一个知识。但你知道了这个知识后，你会每天都多吃蔬菜吗？不一定。这就是知和行的差距。

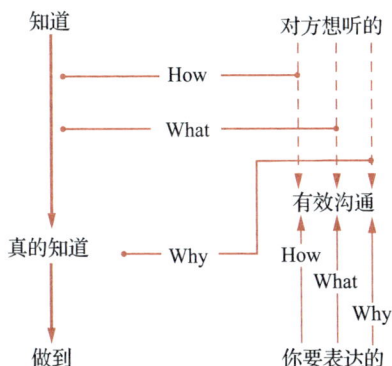

图 4-1 理解 What、Why、How，才能知行合一

为什么会有差距？因为你只知道了 What——"吃蔬菜有益健康"，这并没有解决 Why 的问题，这就会导致你没有动力去做这件事。

假如有一个人每天都吃得很油腻，导致血管出现了栓塞，生了一场大病，不得不住院治疗。康复之后，医生告诉他，以后一定要少油少盐，多吃蔬菜。这时候，他就会很乖地天天吃蔬菜。

为什么？

因为生病住院这件事给了他一个强大的理由，让他意识到吃蔬菜对他来说有多重要。

所以，只知道 What，却不知道 Why，就没有动力。理解了 Why，才有可能做到知行合一。

但知道 What，也知道 Why，还是不够，你还得知道How。How，就是做事的方法和步骤。

你知道努力就能成功，但是应该怎么努力呢？你知道吃蔬菜有益健康，但是怎么吃呢？吃哪些蔬菜？怎么配比？一次吃多少？

不知道 How，就好比给了你一碗鸡汤，却没有给汤勺。这也是知行无法合一的重要原因之一。

肖知兴教授说，知和行之间隔着两个太平洋。在我看来，这两个"太平洋"，一个是 Why，另一个是 How。

如果只知道道理本身（What），而不知道为什么（Why）和怎么办（How），我们确实过不好这一生。

只有当你真的把 What、Why、How 这"黄金三问"同时解决了，你才能真正做到王阳明所说的"知行合一"。

解决了 Why，What 和 How 才真正有意义

在工作中也是如此，你必须完全理解 What、Why、How，才能真正解决问题。

比如，当你教员工一件事情该怎么做的时候，可能你告诉了他第一步、第二步、第三步……说了一大堆，他还是没学会。为什么没学会？因为你没有帮他解决 Why 的问题——"为什么我要这么做？"没有解决 Why 的问题，他就

会动力不足，没有学习的欲望。

所以，光教怎么做是没有用的，在这之前，你要先解决 Why 的问题。

这也是为什么在打仗时将军一定会动员士兵，告诉他们"我们到底为什么而战斗"。他也许会说："敌人抢夺了我们的领土，杀光了我们的亲人，我们要把领土夺回来，为我们的亲人讨回公道，正义一定会战胜邪恶！"这就是在帮士兵解决 Why 的问题。否则，打起仗来，士兵们可能都是心虚的，怎么能打胜仗呢？

同样的道理，企业为什么一定要有愿景？

企业的愿景也是在解决 Why 的问题——"我们今天这么辛苦地工作，到底是为什么？"

只有真正解决了 Why 的问题，员工们在遇到困难的时候，内心才会有强大的动力，才能坚持到底，否则很容易就会放弃。

解决 Why 的问题之后，What 和 How 才真正有意义。

小提示

What、Why、How，是"黄金三问"，密不可分。不知道 Why，就没有动力，What 和 How 也就没有意义。不知道 How，就只是鸡汤，再多道理也只是体现在纸面上。

所以，要想真正了解一件事，只知道 What 是不够的，你必须同时知道 Why 和 How。

在沟通中也同样，你一定要搞清楚对方想听的是 What、Why 还是 How，而自己所表达的是 What、Why 还是 How。当你所表达的和对方想听的相匹配，你们的沟通才是有效的。只有真正理解了 What、Why、How，你才有可能做到"知行合一"。

愿我们都能知道很多道理，也能过好自己的一生。

9 种沟通心法，让你的沟通更有效

我们都吃过太多关于沟通的苦。比如：

朋友向你倾诉郁结已久的焦虑，你给了解决方案，他却突然不理你了。

同事们在交流精彩绝伦的想法，你一加入，话题就终结了。

下属向你请教做事的方法，你给了他答案，可他还是不知道该怎么做。

…………

其实，这些苦，90% 是因为沟通双方对沟通内容和方式的理解出现了错位：

对方在和你谈感情，你却要讲道理，这是错位。

对方和你分享自己的思考，你却在哈哈大笑，这也是错位。

那么，当别人和我们说一件事时，我们到底应该如何和他进行沟通呢？

我的方法是：对沟通进行分类。

我把沟通大概分为 9 种类型：感受型、分享型、归因型、建议型、批评型、询问型、命令型、说服型、娱乐型。这样一来，当对方的"乒乓球"打过来时，你就不会选择用羽毛球拍来接，而是知道用乒乓球拍来接。

当你能迅速感知到对方需要你做出哪种类型的回应，并能够切实做出恰当的回应时，你们的沟通一定会更有效。

针对不同类型的沟通，我总结了 9 种沟通心法，下面我们一一来讲。

感受型沟通："我理解你的感受，这一定不容易"

第一种沟通心法是：当对方在与你进行情感交流时，你要理解对方，与其共情。

我把这种沟通归类为"感受型"，因为对方其实是在表达一种感受——开心或是不开心，生气或是没生气。

他想得到的回应，是你能够共情他的感受。

听起来似乎挺容易应对的。但是，如果你和我一样，天生对情绪不是很敏感，有时候就会踩坑，以致伤害到别人。

有两个坑比较常见，你或许也遇到过类似的情况。

第一个坑，是对方在表达情绪，而你却一个劲儿地给他讲解决方案。

举个例子，午后，你收到一条接一条的语音短信，是朋友在向你抱怨工作不顺：

"经理完全是故意挑我的错，开会当着大家的面训斥我，好烦！

"我真的太生气了！我熬了几个通宵给他写了 100 页 PPT，他怎么就不能表扬一下我呢？总是放大我的缺点，无视我的贡献。

"我跟他说,他就是针对我,他却说是因为我能力差!我一整天的心情都被这个破会议给毁了。"

你耐心地听完,然后打开对话框,根据他描述的细节,给他讲你能想到的解决方案:

"你不要生气,开心点儿。

"首先,你不应该在会议上当着众人的面跟经理吵。你让他下不来台,丢了面子,他自然不会给你好脸色。你私下约他一对一聊聊。

"其次,别揣测经理的动机,你应该主动表达你的感受。"

你打字打得手都酸了,还准备继续给建议:"话说,那100 页 PPT……"

但是,你突然发现,对方已经不再回复你了。

你挺委屈的:我也有做不完的工作,挤出时间卖力帮你了,你怎么这样?

是的,你说得很有道理,但是,仔细想想,难道他真的解决不了自己遇到的问题吗?不一定。他向你倾诉,只是想表达自己的情绪,不是想要解决方案。他都和你说了很多暗号了——"好烦""太生气了""心情都被这个破会议给毁了",以及那些感叹号和问号。

他不开心,他委屈,他愤怒,而你却在和他讲道理。

人心是装不下那么多道理的。

第二个坑，是认为只有积极的情绪才是"好的"。

你还是纳闷，明明你识别出了他在表达情绪，共情了他的不开心，还安慰他"你不要生气，开心点儿"，他怎么还是不领情呢？

可是，想一想，他正在经历真实的煎熬，你让他不要煎熬，他就可以不煎熬了吗？更何况，他的内心或许还在面对更可怕的痛苦，比如，被裁员的担忧、房贷可能断供的恐惧……

如果是这样，你是否还会说，无论遇到多么糟糕的事情，都应该乐观积极地活呢？

"人必须积极乐观"，是一种对真实感情的忽视和抑制。对方听了，可能会感到更难过，从而不想和你沟通了。哈佛医学院心理学教授、麦克莱恩医院教练研究所联合创始人苏珊·戴维（Susan David）曾做过大量相关的心理学研究，她把这归类为一种无效情绪调节策略，称之为"情绪抑制"（Emotion Suppression）。

如果你不想踩这两个坑，不妨用一句话来回应对方："我理解你的感受，这一定不容易。"

理不在言多，在心通；心若不通，万语皆空。

分享型沟通："这很有趣，我想了解更多"

当然，人们并不只是在情绪交流时才需要沟通，有时，我们也很期待互相分享的快乐。第二种沟通心法，是当对方跟你分享知识、信息时，你要表现出浓厚的兴趣。

什么是分享型沟通呢？比如，对方告诉了你一个事实，分享了一个观点，谈到了对某个理论的理解，这就是在分享，在共享谈资。

这时，你应该怎么回应呢？

想想看，他为什么要跟你分享？当他跟你分享的时候，他在期待什么回应？

试着跳进他的角色，寻找答案：

现在，你是一个满腹经纶、迫不及待想要跟同事分享的人。午休时，你到茶水间喝咖啡，看到旁边有位等着热饭的同事，于是，你跃跃欲试，想和他分享昨晚你看到的财经新闻。可是，你的话刚开了个头，就听见"叮"的一声，微波炉响了，同事高兴地端着热好的饭走了。

这时，你是什么感觉？可能是：没意思，下次再也不跟他聊这些了。

我们把时间往前拨 5 分钟。

"叮!"微波炉响了，你的同事把饭端到你旁边坐下，他一边被饭盒烫得嗷嗷叫，一边跟你说："讲得好有趣，你能再给我讲一些吗？以前我一直以为财经新闻只有在官方媒体平台才能看到，你居然有这么多信息源，快跟我分享一下。"

这时，你又是什么感觉？你一拍大腿，势必要把毕生所学都倾倒给他。

午休结束后，你们约定周末接着聊。原本还有些陌生的同事，就这样熟络了起来。

看出区别了吗？

现在，把视角切换回来。

你想和一位知识储备丰厚的人建立联系，那么，当他跟你分享知识时，你应该说什么呢？"这很有趣，我想了解更多"，或者"你的解释很有见地，能给我多讲一些吗？"

说实话，遇到喜欢分享的朋友，我觉得是一件很幸运的事，就像是给自己找了一个外挂大脑。而你只需要成为那个撬动他分享欲的支点，让他的知识和信息源源不断地涌到你面前。这时，你不仅会获得更多的知识和信息，还会得到更多与他联结的机会。

归因型沟通："你认为是什么导致的呢"

第三种沟通心法，是当对方是个喜欢"盘"逻辑的人时，你可以通过归因激发他分享更多思考。

什么样的人是喜欢"盘"逻辑的人呢？比如，他在跟你讲一件事情时（可能是他自己的故事，也可能是别人的故事），喜欢和你分享他自己是怎么看的、这件事情为什么会发生，并会进行一些因果推断。

这时，你应该怎么回应他呢？

你可以问："你认为是什么导致的呢？"然后，和他一起，听他分析原因，一起寻找关键点。

你会发现，对方捋逻辑线的时候，可能会把自己绕进去。如果你能帮他把这条逻辑线捋出来，让"关键点"浮出水面，你的这位朋友一定会对你印象深刻。

《贪婪的多巴胺》这本书里讲到一个观点：实际奖赏大于预期奖赏，会刺激人体分泌多巴胺。对喜欢"盘"逻辑的人来说，讨论出意料之外的因果和结论，就是实际奖赏大于预期奖赏，这会给他带来莫大的快乐。

这里给你分享一个好用的归因方法——"五问法"，即顺着对方的话，追问五个"为什么"。第一个"为什么"的答案可能会告诉你们直接的原因，但随着一层层地深入探究，你们得出的最终结论可能非常出乎意料。

举个好玩的例子。假如你有一个非常喜欢研究"摸鱼"的大厂程序员朋友，他想把每周的工作时间压缩到 20 小时。这一天，他得意扬扬地跟你说，他的"摸鱼"计划有了新进展，想给你展示他的成果。

听他"盘"完逻辑后，你问出第一个问题："为什么你想要'摸鱼'？"他回答说，因为不想上班。

接着，你问了第二个问题："为什么你不想上班？"他想了一下，回答说，因为不想为了薪酬贩卖劳动力。

你继续问第三个问题："为什么你不想为了薪酬贩卖劳

动力？"他答，因为想用自己的劳动力来做自己感兴趣的事。

有意思，你又问出了第四个问题："为什么你不现在就去做你感兴趣的事？"他说，因为没有攒够钱。

第五个问题来了："为什么没攒够钱？"他想了想，说，因为他觉得，只有被动收入大于生活支出的时候，才能不被生计所扰，从而专心做自己感兴趣的事。而现在他所赚的钱还不足以覆盖余生的生活支出。

原来，"摸鱼"不是目的，财务自由也不是目的，做自己感兴趣的事才是。

于是，你们接着讨论："摸鱼"做感兴趣的事，可以达成目的；努力工作攒钱，早点退休做感兴趣的事，也可以达成目的；不打工，通过创业或者投资，让被动收入覆盖生活支出，然后安心做感兴趣的事，也能达成目的……

这样一层层地追问，虽然不一定能让你们讨论出一个完美的解决方案，但是你一定会引发对方分享更多有价值的思考。

"五问法"最初来源于丰田，是丰田生产系统的入门课程内容。他们会从制造的角度思考问题为什么发生，从检测的角度思考问题为什么没有被发现，从系统的角度思考问题为什么没有得到预防。这样追问下去，就能拨开迷雾，一步步脱离主观和负面的判断，找到根本原因。

当然，这种方法用在比较轻松的沟通中时无须教条，追问的次数可以是 3 次，也可以是 10 次。

如果说"归因型沟通"是你来我往的讨论，那么接下来要聊的"建议型沟通"就很考验我们倾听的艺术了。

建议型沟通："听起来很有帮助，我会试试看"

先回答一个问题：你一般是怎么面对别人的建议的呢？全盘接受，还是全盘反对？

如果全盘接受，可能会让你的声音越来越小。做事的时候，团队会逐渐略过你的看法，你会变得很被动。如果全盘反对，甚至认为对方没有资格给你提建议，别人可能就再也不想给你提建议了，你会变成一座孤岛。

有没有什么折中的办法呢？

有，这就是第四种沟通心法：当对方给你提建议时，你要积极表达感谢和肯定。

假设现在你是那个给别人提建议的人，你会怎么优雅地提出建议，让对方愿意接受呢？

运用"三明治法则"。想象你面前有一个三明治，上层是面包，中间是肉，下层又是面包。营养更丰富的部分是中间的肉，但两片面包也有其作用，它们让中间的肉口感变得更好。在提建议的过程中，建议就好比中间的"肉"，表扬则相当于"面包"。

比如，比起劈头盖脸地责骂新人小李："你的报告怎么总有这么多错乱的标点和错别字，这是不专业的表现！"或许你可以这样说："小李，你这套衣服真漂亮，衬得你大方又专业。尤其是这排精致的纽扣，虽然是很小的细节，但是细节之处才更显巧思。如果文章里的标点符号和错别字你再认真注意一下——就跟你衣服上的纽扣一样，你的报告简直就无可挑剔啦！"

感受到区别了吗？

虽然运用三明治法则提建议时要说的话更长了，但如果你是小李，是不是更容易听进去，并且感恩老板保护了自己的自尊心？

现在，切换一下角色。提出建议的是对方，他不一定遵循三明治法则，说的话可能会让你觉得有点不舒服，这时，你该如何与他沟通呢？只要对方出于善意，或者出于提高工作效率的考量，你都应该积极地表达感谢和肯定，比如，对他说："很感谢你告诉我这些，这对我很有帮助，我会试着按照你的建议试一试。"

这时，你主动给对方的建议加上了两片"面包"，他会觉得自己的建议受到了重视。以后，他很可能还会给你更多的建议，甚至会成为那个帮助你快速进步的"贵人"。

将欲取之，必先予之。先付出的人，先收获。

"建议型沟通"比较考验我们倾听的艺术。接下来要讲的"批评型沟通"，可能就要考验我们的抗压能力了。

批评型沟通："感恩反馈，我会考虑下次如何改进"

第五种沟通心法，是当别人批评你时，你要直面它，然后鞭笞自己改进。

当别人批评你的时候，该批评可能是有道理的，也可能是没有道理的。

面对别人的批评，你是选择无视、"甩锅"，还是坦然接受并负责呢？

《卓越基因》里有个很有意思的理论：公司里适合坐上关键位置的人，一定是表现出"窗口 - 镜子"模式的人。"窗口"是指，当工作顺利的时候，他们总是看向窗外，把一切成果和功劳归于他人，而不是自己。"镜子"是指，当工作出现差错时，他们会对着镜子说"我来负责"，把错误归于自己，而不是指责别人。不仅如此，他们还会继续思考：我哪里还能做得更好？我有没有什么疏漏？

当一个人给你负面评价时，无论这个评价有无道理，你都面对着一道是"窗口"还是"镜子"的选择题。你是打算丢出窗外，还是负责到底呢？

我想，面对批评，那些卓越的人总会说："谢谢你的反馈，我会考虑如何根据你的反馈来进行改进。"因为直面镜子会让你更清楚地看见自己。

当然，有些时候，对方的批评可能并没有道理，这时，你尤其需要保持冷静。我们的目的从来不是跟谁吵架，而是识别问题、解决问题。

能这样做的人，总在不断进步，他们留给批评者的只有一个远去的背影。

询问型沟通：“你能告诉我更多的背景信息吗”

第六种沟通心法，是当别人询问你的看法时，别着急回答，而是继续问几个探索性问题。

这和前面的“归因型沟通”是不同的，因为对方不一定是个爱“盘”逻辑的人，他和你交流不是为了思维激荡，而是单纯地向你请教他遇到的问题应该如何解决。

但有时候，他们的询问可能会掩盖其真实的需求。这时就需要你多探索几步。

举个例子，你的直属下级问你：“怎么才能让自己会说漂亮话？”你应该怎么回答呢？立刻跟他说“第一……第二……第三……”吗？他听了之后，可能会点点头，然后沉默。你也不知道有没有解决他的问题。

所以，这时你最好别着急回答，而是先问问他：“你是遇到什么事情了吗？需要我给你提供怎样的帮助呢？”听到你这么说，对方可能会展开讲他的烦恼。原来，最近其他同事总是说他干活没眼力见儿、对待客户不热情。但这不是因为他不努力，他会认真调研客户的信息，如生日、毕业院校、家庭收入、家庭成员等，也会在客户来公司前做好接待准备，但他的性格太内向了，每次一见到客户本人，就紧张得不知道怎么说话了。客户因此感觉自己被怠慢了，很不开心。

实际上，其他同事都没有他这种保持记录和提前调研的好习惯，只是比他更会说漂亮话。

通过这样的交流，你发现他的真实需求并不是学会说漂亮话，而是在工作中更好地发挥作用。于是，你提议下次见客户前让他继续去做调研，并在开会时负责提醒你关键信息。

他发现你并没有责备他，反而给他安排了更合适的工作，让他真正派上了用场，于是他干活更卖力了。渐渐地，他的信心越来越充足，沟通技巧也在一次次历练中得到了提升。

你看，探索性的提问不仅使对方有机会详细描述细节，也使你能够从自己的技能和经验中找到真正对对方有帮助的内容，最终实现共赢。

那么，面对他人的询问，我们应该如何进行探索性提问呢？

我通常会这样问：

- 你为什么会问这样的问题呢？
- 你问这个问题背后的原因是什么呀？
- 你能告诉我更多的背景信息吗？

当然，这些提问一定要以帮助他人解决问题为目的。

命令型沟通："明白了，我立刻去做"

别人征求你的意见时，你要进行探索性提问，但当别人不征求你的意见，而是直接下命令时，你该怎么应对呢？

这需要用到第七种沟通心法：当对方给你下命令时，立刻执行。

当别人对你说"你帮我去做这件事"时，你是什么感受？当你的上级这样命令你时，你该怎么应对呢？

有时，上级的语气可能不那么客气，他的命令还可能会打乱你的工作安排和节奏。这很容易激发你的逆反心理：我为什么要做这个？

的确，有些上级在下命令时根本不知道自己在做什么，只是任性地享受指使他人的快感，让人实在不舒服。但是，如果上级的命令非常明确且具体，我建议你立刻执行。因为你手里拿着的可能只是一城一池的地图，而你的上级拥有的却是一整个区域的地图，他看得往往比你更全面、更长远。

"小张，把这季度的销售费用打印出来。""小李，停下你手里的事，去给会议室准备水。"即使你不喜欢做这些事情，面对命令，你都应该说："明白了，我立刻去做。"

有很多事情，你的上级能看到，而你看不到：让你打印销售费用，是因为大客户强烈质疑项目利润，需要马上提供证据，证明公司并没有吞客户的钱；让你给会议室准备水，是因为约了好久都没约上的供应商今天突然有空了，现在就要来公司谈价格。

他在对你发出指令的时候，你就成了使机器运转起来必不可少的一环。如果你的这一环节出现了问题，下一个环节乃至整个机器的运转都会出现问题。

有时，我们无法鸟瞰全局，但可以做到积极回应。

为一位能给出明确指令的上级冲锋陷阵，不是因为你没主见，反而恰恰是因为你和他步调一致，你们之间会减少许多沟通上的"浪费"。

说服型沟通："我是这么认为的，我是这么考虑的"

面对命令，如果指令明确，我建议你立刻去执行。但还有一些情况，是不需要你立刻响应的，反而需要你多思考其合理性。比如，当别人试图说服你时，你又该怎么应对呢？

你可以用第八种沟通心法：当对方想要说服你时，先评估对方意见的合理性，别逃避。

说服和命令不同：命令给了你明确的优先级，不可违背；但面对说服的言辞时，你需要先思考一下其合理性。

有时，你的同事或者上级强势地表达了他们的观点，乍一听，你觉得他们说得有道理，是自己不对，于是，你很轻易地被说服了。被说服没问题，但是，当你真正执行时，却感觉非常委屈，这时你该怎么办呢？

举个例子，你的上级把你叫到他的办公室，开口就质问你："小王，你们销售部门最近表现很差啊。你看，跟去年相比，今年的销售额只增加了10%，去年可是同比增加了30%。你是不是最近没有认真工作？"

遇到这样不太合理的说服型沟通，你千万不要逃避，反而要表达你的立场，并且切记，一定要结构性地表达出来。

比如，结论先行："柳总，您说的这个情况，可能找的参照物不太合理。"

紧接着，表达观点和论据："我们部门7月的表现其实是挺不错的。您说和去年同期相比增幅小了，可这是因为前年受新冠疫情影响，基数小。另外，7月比6月增长了50%，创下单月增幅新高。我是这么考虑的，毕竟去年我们的业务才慢慢回归常态，今年能做到稳步增长，这成绩算是很好的。"

总之，遇到说服型沟通，你一定要先评估他的论据的合理性，然后说明你的观点，并且用具体的数据或者证据支撑你的观点。

据理力争者自带光芒。比起唯唯诺诺，勇于表达立场的态度更能使你赢得对方的尊重与赏识。

娱乐型沟通："然后呢，然后呢"

当别人想要说服你时，你需要先评估一下他的话是否合理，但是，也有一些话不需要你进行评估，只需要你微笑应对，比如善意的玩笑。

这就是第九种沟通心法：当对方用娱乐的方式讲述事情时，记得微笑，接住善意。

有时候，对方就是想开个玩笑，但你一下子不知道该怎么接，于是话头掉在地上，氛围很尴尬。你很懊恼：是不是我应变能力太差了，怎么提高应变能力呢？是不是可以提前准备一下，比如多看一些笑话，积累起来。

做一些刻意训练的确会有不错的效果，但是，很多时候，你不一定有这么多精力，而且，这些应对往往是从"我"出发的——"我"害怕别人觉得我无趣，"我"要多做准备。而那个开玩笑的人，被孤独地晾在了舞台中央。

其实，如果从对方出发，你会发现，你可以"一招鲜，吃遍天"。

或许，你并不明白笑话到底哪里好笑，但是，你大概率能识别出对方是出于善意。这时，不妨尝试着微笑，甚至笑出声音来。这就表示你听懂了，你赞赏他，你在传递你的善意。然后，继续与他进行更多互动，比如，我通常会继续问"然后呢，然后呢？"。

喜欢开玩笑的人，一般都期待大家的关注。当你对他给予善意的关注时，你们的沟通自然就会顺畅起来。

拉起对方的手，带着笑意，陪着他站在舞台中央吧。

小提示

如果我们能对沟通进行分类，日常生活中有意识地锻炼自己的应对方式——

- 遇到感受型沟通时，别讲道理，理解对方，与其共情。

- 遇到分享型沟通时，别无视，请对方分享更多。

- 遇到归因型沟通时，别跟丢，打破砂锅问到底。

- 遇到建议型沟通时，别走极端，用"感谢"和"肯定"铺垫一下。

- 遇到批评型沟通时，别"甩锅"，感恩反馈，下次改进。

- 遇到询问型沟通时，别着急回答，用探索性提问问出真实需求。

- 遇到命令型沟通时，别拖延，立刻去执行。

- 遇到说服型沟通时，别逃避，论点、论据双管齐下。

- 遇到娱乐型沟通时，别怕尴尬，带着笑意陪他站在舞台中央。

那么，渐渐地，你和他人的沟通会更顺畅、更有效。慢慢地，会有越来越多的人愿意和你成为朋友。

最后，请记住：有效的沟通，如果只用一句话来总结，一定是"从对方出发"，而不是"从我出发"。

好的沟通，一定是充满善意的。

幽默，是溢出的智慧

值得膜拜和学习的大师很多，明茨伯格就是其中一位。对于明茨伯格，除了他的学术成就（比如我最喜欢的那本《战略历程》）之外，最令我叹服的，就是他那种"犀利的幽默"。

比如，在《写给管理者的睡前故事》这本书里，明茨伯格写到"时代变革"时，说："当一位 CEO 坐在笔记本电脑前准备一篇发言稿时，电脑会自动打出这些字，'我们生活在大变革时代'。之所以如此，是因为在过去 50 年里，几乎每篇演讲稿都以这句话开头。这点从来没变。"

读到这一段，我会心一笑：还真是！当然，现在的科技进步了，电脑会多给你几个选择。比如"这是最好的时代，也是最坏的时代"，或者"有一个你永远打不败的对手，就是这个时代"，等等。我有点羡慕，他是怎么想到"电脑自动打字"这个梗的？这个表述太生动了。

再比如，写到"思考先行"时，明茨伯格说："你一生中最重要的决策可能是——寻找伴侣。你是思考先行的吗？……首先列出你希望未来伴侣拥有的一些品质，如聪明、漂亮、羞涩；接下来列出所有的可能人选；然后进行分析，根据上述标准给每位候选人打分；最后把分数加起来看谁胜出，并告知这位幸运的女士。可是，她告诉你，'在你忙活这些的时候，我结婚了，现在已经有几个孩子了'。"

读到这一段，我笑出了声。

我甚至有些嫉妒——这就是智慧。以明茨伯格的智慧，写这些话题，举重若轻，游刃有余，智慧满到溢出。而那些溢出来的智慧，就变成了幽默。

幽默的三种理论

到底什么是幽默？

关于幽默，学术界已经有不少研究。但是，至今没有让所有人信服的解释。

主流的理论，大概有三种。

1. 优越感理论

优越感理论，简单来说，就是通过创造一个失败者，让对方感觉自己就是成功者，进而产生心满意足的优越感。

比如你说："润总，最近你的文章水平越来越差了，怎么回事？"

我可以把你怼回去："你哪只眼睛看到我的文章水平变差了？"

但这样做的前提是，我打得过你。如果我打不过你，这就不是一个好的回复。

我也可以回复你："那可不是一般的差。我昨天读自己的文章吐了三回，今天吐了两回。"

这时，你可能会心一笑，心想：他还挺幽默的。这个尴尬的对话，就化解了。

请注意，为什么你会笑？因为我把自己描述成一个离谱的失败者，让你有了优越感。

2. 错愕感理论

错愕感理论，简单来说，就是在两条逻辑线的交叉处来一个脑筋急转弯。

比如你说："润总，我如何才能在一个月内拥有 1000 万元？"

我可以回复你："你痴心妄想，醒醒吧，放弃不劳而获的美梦吧。"

但这么说的前提，还是我要打得过你。不然，你恼羞成怒起来，我会很惨。

我也可以回复你："这很简单，你只要闭着眼睛随机买 100 只股票就行了。别问投资经理，他们的建议没用。这样，不需要一个月，你的 1 亿元资产就可以变成 1000 万元了。"

这就是在两条逻辑线（一条是从 0 到 1000 万元，另一条是从 1 亿元到 1000 万元）的交叉处来一个脑筋急转弯，让对方产生了一种出其不意的错愕感，以及随之而来的惊喜感。

3. 释放感理论

释放感理论，简单来说，就是用"危险"给对方制造紧张感，再用"安全"释放掉它。

比如你说："你觉得我的公司还有救吗？"

我可以回复你："瞎操心啥？你的公司好着呢。专注于产品和员工，做你自己能改变的事情。"

这么说，就太平淡无奇了。

我还可以回复你："这很难说，你的公司现在非常危险。你必须立刻做出改变，否则你的公司一定活不过 3 个月。我刚才注意到，你公司的营业执照还有 3 个月过期。赶快去延长，不然你的公司就要关门了。"

这就是先用"危险"制造紧张感，然后用"安全"将其释放。

这三种关于幽默的理论，你觉得哪一种才是真正的起源呢？

我不知道。也许都是。

但是，这三种幽默理论，都是从"效用机制"的角度进行研究的，而不是从"能力来源"的角度进行研究的。

幽默，是举重若轻

不管你要制造的是"优越感""错愕感"还是"释放感"，都需要一种稀缺的能力，甚至是天赋，那就是智慧。

我看过一档综艺节目，挺有感触。这档综艺节目邀请了一位曾经无人不知的小品演员，当时这位演员已经 60 岁了，你从她的身上能看到优雅、慈祥、美好，但是再也看不到那种幽默感了。她对在场的其他喜剧演员慈祥地说："我 60 岁了，我枯竭了。这也是为什么我再也不出来演小品了。我退休了。你们也都会有这一天。我希望你们能珍惜今天的才华。"

我当时特别感动，感动于她的真诚，感动于她对年龄带来的才华枯竭的淡定。

那什么是才华枯竭？就是你的大脑已经无法勾画出一个活灵活现的、得体的失败者的画面了，无法在两条、三条甚至更多条逻辑线交叉处来个脑筋急转弯了，无法在面对令人头大的问题时有多余的精力来制造紧张感再释放了。

看到这个片段时，我感觉到才华乃至智慧是多么宝贵的财富。

只有当你的智慧多到溢出时，才会产生幽默感。幽默，是溢出的智慧。

所以，我在选择读某个人的书，或者听某个人的演讲时，有一个不太"科学"的标准，就是看这个人的表达有没有幽默感。

因为，只有他对自己所谈论的话题举重若轻，动用其 20% 的"CPU"就能给你讲清楚时，他才有余力"炫耀"他的幽默感（见图 4-2）。

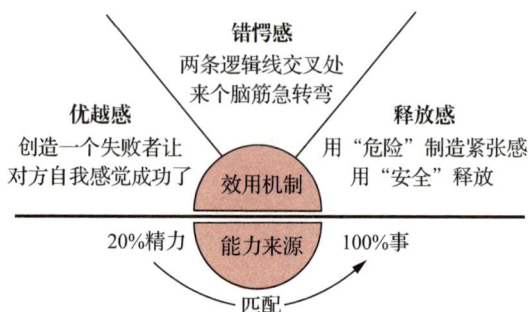

图 4-2　幽默，是溢出的智慧

如果一个人的表达格外紧绷，让你体会到他已经把他的"CPU"用到了 120%，而你还是不明白他在说什么，那么这个人对自己所谈论的话题的驾驭能力，可能远低于他对自己的评估。

我用这个标准，也看了看我自己写的东西——我只是一个勤奋的思考者。我的智慧，还装不满一个罐子。在讨论芝麻大小的事情时，我充满了幽默感。可是在讨论橙子那么大的事情时，我就只剩逻辑了。讨论到西瓜那么大的事情时，我常常费尽全身力气，一直紧绷着。

现在，你应该能体会到，当 81 岁的明茨伯格出版了一本充满了"犀利的幽默感"的《写给管理者的睡前故事》时，我是多么羡慕和嫉妒。

小提示

关于幽默，学术界主流的理论大概有三种：优越感理论、错愕感理论和释放感理论。

不管你要制造的是"优越感""错愕感"还是"释放感"，都需要一种稀缺的能力，甚至是天赋，那就是智慧。

只有当你的智慧多到溢出时，才会产生幽默感。幽默，是溢出的智慧。

所谓洞察本质，就是会打比方

作为一名商业顾问，我有幸经常遇到很多企业界的高手。对于一些晦涩难懂的商业理论，他们总能基于对商业世界的深刻洞察，轻描淡写地通过打个比方加以解释，让人拍案叫绝。

洞察本质的人，都会打比方

青岛啤酒前董事长金志国，就是打比方的高手。

我曾带领参与"问道中国"项目的企业家们在青岛啤酒调研，其间，我们有幸请金志国老师进行了分享。很多同学听后都表示如醍醐灌顶，甚至有同学表示受到了极大的震撼。

比如，有同学问金老师如何招人、如何用人的问题。如果在商学院，这是一门关于人才"选育用留"的管理课程，很复杂，涉及很多方面。单从人力资源角度来说，就可以划分为规划体系、招聘体系、用人体系、薪酬体系、激励体系、培训体系和留人体系，等等。

可金老师是如何回答的？他说："如果你要做箱子，就要找樟木；要打口棺材，就要找金丝楠木；要做门窗，找松木就好了。"

同学们听后，拍案叫绝。

在商学院，老师讲的用人所长、因材施教的课，你听起来可能会觉得枯燥、空洞。但听金老师这样一说，你就会觉得特别精辟。

为什么？

箱子、门窗就好比你要招募的职位，如果你招的人达不到标准，就会出现不匹配的情况。低于标准不行——拿松木做箱子，效果肯定不好；高于标准也不行——拿黄花梨木做火柴，那就太浪费了。反过来说，用人也一样，如果你的员工是松木，你就把他打造成"门窗"；是樟木，你就把他打造成"箱子"；是黄花梨木，那一定要把他打造成"精美的家具"。

再比如，小公司成长为大公司要经历三个阶段，也就是我们通常说的"企业生命周期"。对此，金老师是如何打比方的呢？

他说，在创业期，你的公司就是草本植物，生命力很顽强，给点阳光就灿烂。公司需要依靠创始人，其他员工都是助手。在发展期，你的公司就成了灌木，比草高大，发展良好。这时，公司还能只依靠创始人吗？不能了，要依靠团队。在成熟期，公司就成了乔木，是参天大树了。这时，公司再也不能只依靠创始人和团队了，而是要依靠系统（见图 4-3）。

金老师把企业生命周期用植物做了一个形象的比喻，就让我们对企业的不同阶段有了一个清晰的理解，并知道了企

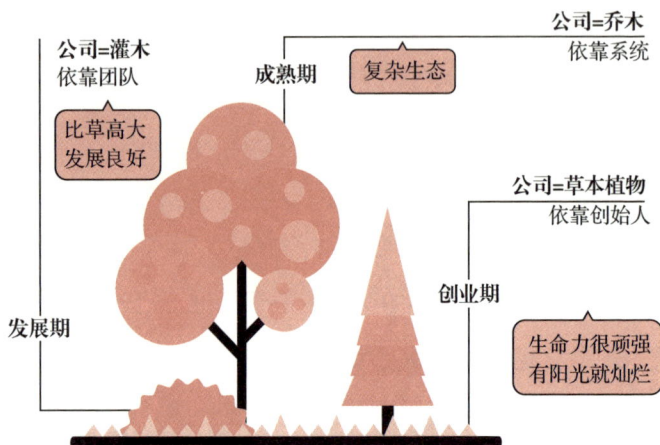

图 4-3　企业生命周期

业在不同阶段应该依靠什么。

金老师信手拈来的打比方的例子还有很多。

比如，很多企业家对企业治理的一些概念不太理解，比如系统结构、战略、市场、产品、品牌等。

金老师说："企业就像一棵大树，树根就是系统结构，树干就是战略，树冠就是市场，果实就是产品，树叶就是品牌。"如图 4-4 所示。

为什么说树根是系统结构？树根从土壤中汲取养分，是这棵大树的基础保障，而系统结构也是一家公司的基础，系统结构不对，一切都不对。所以，树根是系统结构。

为什么说树干是战略？树干把养分输送给树枝、树叶，树枝、树叶直接或间接地依附在树干上。草、灌木没有树干，那是因为那时候公司还小，没有战略是最好的战略。但当一家企业成长为参天大树，变成了乔木，战略就变得非常重要，它将为公司指明方向。所以，树干是战略。

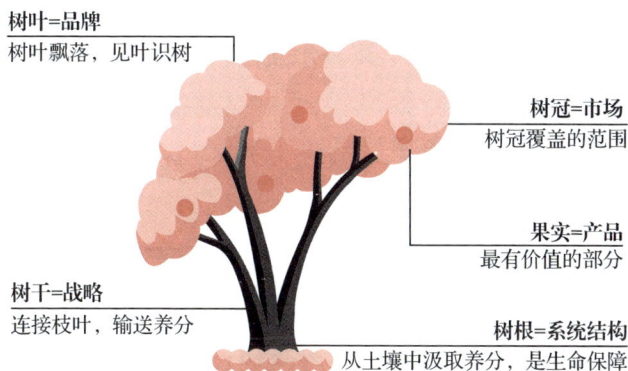

图 4-4　系统结构、战略、市场、产品与品牌

为什么说树冠是市场？你的树冠覆盖的范围，就好比你的市场规模。所以，树冠是市场。

为什么说果实是产品？你想把你的产品卖给顾客，那么它一定是你最好的东西，是对顾客有价值的东西，而一棵树最有价值的部分就是果实，它有营养。所以，果实是产品。

为什么说树叶是品牌？树叶非常多，很轻，还会经常掉落，能飘很远。别人可能没看到你这棵大树，但是，看到树叶就知道了你是棵什么树，结什么果。所以，树叶是品牌。

金老师的比喻，把企业治理的一系列概念说得活灵活现，让学员们一下子就对系统结构、战略、市场、产品、品牌有了更清晰、更深刻的理解。

所以说，洞察本质的高手，都是打比方的高手。

如何打好一个比方

你可能会问：为什么洞察本质的高手，都会打比方？我们该如何掌握这种能力？

打比方的能力，本质上是一个人洞察事物本质的能力。

打好一个比方，要经过三个步骤：

第一步，洞察复杂、陌生事物的本质；

第二步，匹配到大家熟悉的事物；

第三步，用熟悉的解释陌生的。

可见，要想打好一个比方，你需要能洞悉两种事物的本质，你不仅要知道这个复杂、陌生事物的本质是什么，还要知道身边最熟悉的事物的本质是什么。

金志国老师超强的洞察事物本质的能力，以及多年的青岛啤酒公司管理经验，让他对企业治理、管理的本质洞若观火，所以他才能把这些复杂、晦涩难懂的概念，用非常通俗易懂的比方，游刃有余地解释清楚。

除了金志国老师，我遇到的其他有洞察力的人，也都是打比方的高手。比如，小米集团的联合创始人刘德。

小米的智能家居产品有很多，比如电视机、路由器、门禁、电饭煲、扫地机器人、空气净化器等，它们都可以用一个 App 来控制。这个 App 就相当于所有小米智能家居产品的遥控器。

于是，这个"遥控器"就变成了一个非常大的入口。这个入口到底可以创造什么价值呢？它会提示你智能家居产品的现状，你还可以直接在上面购买耗材。

比如你家的空气净化器的滤芯需要更换了，或者扫地机器人的刷子需要更换了，App 会实时提醒你，你可以直接在 App 上一键购买。如果将来小米智能冰箱可以远程管理食物了，可能 App 还可以主动帮你订鸡蛋、订牛奶等。一个"遥控器"，就可以带来很多购买行为。

这个我花了 200 多字才讲清楚的概念，刘德用 5 个字就讲清楚了——"遥控器电商"。你是不是一下子就明白了这个管控小米所有智能家居产品的入口的价值，并且还感觉特别透彻和形象？他深刻洞察了这件事情的本质，然后与人们耳熟能详的某个东西联系起来，让你更好、更快地理解。这是一种非常强大的能力。

在小米的生态链中，有很多既不"高科技"也不"智能"的产品，它们没有传感器、没有软件，有一些甚至就是日用品，比如毛巾、床垫等。对此，很多人疑惑不已：小米不是要做"科技界的无印良品"吗？怎么真的做起无印良品的产品来了？说好的"科技"呢？

刘德说，这类生意对小米来说，是"烤红薯生意"。

小米发展到今天（2017 年），已经有 5 亿多用户了，其中 4 亿多是活跃用户。他们除了需要小米手机、充电宝、手环等科技产品之外，也需要毛巾、床垫等高品质的日用品。与其让这些流量白白流失，不如把这些流量转化成营业额。就像一个火热的炉子，它的热气散就散了，不如借助余热顺便烤一些红薯。

这就是"烤红薯生意"。短短 5 个字，就把这个事情概括了，既通俗易懂又透彻传神。

至于到底烤哪些"红薯"呢？刘德又打了一个比方，叫"生活耗材"。

你会发现小米的服装类产品都是一些差别比较小的标准化产品，比如毛巾、袜子、T 恤等，而没有时尚服装、童装等差别比较大的产品。这是为什么？

刘德说："我理解的服装类产品，分为生活配饰和生活耗材。配饰是生活的装饰品，它是为了适应不同场合，追求的是差异化，而耗材是标准化的，就像打印机的墨盒，一次可以买一打，追求的是实用性和品质。毛巾、袜子之类的产品，就是服装类产品里面的耗材，这个市场的需求正在增长。比如，美国人平均每年用 12 条毛巾，而中国人平均每年用 1～2 条，14 亿人可能会出现 140 亿条毛巾的年增量。既然存在这样巨大的市场，这个行业是完全可能出现一个巨头的。所以，小米瞄准了生活耗材市场。"

"生活耗材" 4 个字，就把这件事清楚地讲明白了。

"遥控器电商""烤红薯生意""生活耗材"，刘德用这几个比方，简单、透彻又鲜活地讲清楚了小米的几个商业逻辑，让我深深叹服。

再比如，我经常拜访学习的峰瑞资本创始合伙人李丰。

近年来直播带货很火，不但我们熟悉的专业主播直播带货热度不减，就连互联网第一代网红老罗以及很多 CEO 也纷纷开始直播带货，更别提娱乐明星了。

关于直播带货，李丰打了个比方，他说直播带货就是"有声有色的聚划算"。你听完之后想必也会连连赞叹：原来直播带货就是这样啊！这说明李丰已经看透了直播带货的本质，并且用一两个大家熟悉的词讲了出来，让你一听就觉得清楚明了。

所以，要想打好比方，最重要的能力就是洞察事物本质的能力。

因为只有洞察了事物的本质，你才能将其与一系列大家熟知的事物联系起来，打出精妙的比方，四两拨千斤地讲清楚背后的逻辑。

小提示　解决一个问题的办法有 1000 种，但最有效的一定是洞察本质的那一个。

如何打好比方，需要三步：

第一步，洞察复杂、陌生事物的本质；

第二步，匹配到大家熟悉的事物；

第三步，用熟悉的解释陌生的。

打比方这种能力，是一种非常高级的能力。因为会打比方，说明你能同时理解两种事物（复杂、陌生的事物和熟悉的事物）的本质。只有这样，你打的比方才能让人拍案叫绝。

边界感的本质，是对所有权的认知

在与人交往时，总有一些人会让你感觉如沐春风，交往起来非常轻松。但也总有一些人，常常会给你压力，让你忍不住皱起眉头。

后者经常会问一些让你无法回答的问题，比如"你每个月赚多少钱啊？"，或者提一些你没有办法答应的要求，比如"你帮我做一下这件事呗！不帮，你就不够朋友"……我们都不喜欢跟这样的人交往。

他们的问题主要出在哪里呢？

你不能直接定性地说这样的人很自私，人品很差，不是好人。他们做出这样的行为，大概率并没有什么恶意，只是因为他们太没有边界感了。

什么是边界感

什么是边界感？

当你和一个朋友面对面聊天时，你会发现，你们之间总会保持着一个心理安全距离。一旦你走近一点，稍微越过边界，对方就会本能地往后退。这就是边界感使然。

边界感的本质，是对所有权的认知。你要知道，什么是你的，什么是他的。你在你的范围内做事，他在他的范围内做事，如果要跨越边界，就需要先征求对方的同意（见图 4-5）。

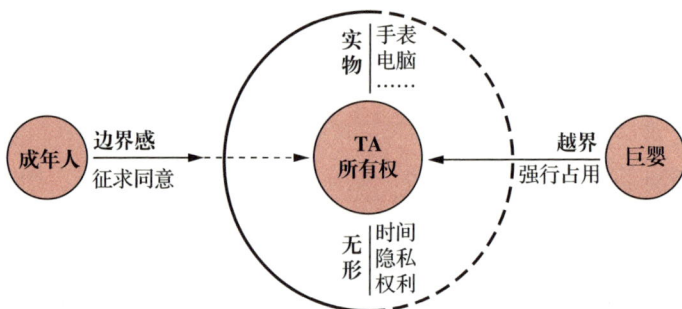

图 4-5　边界感的本质是对所有权的认知

　　就像两个国家之间有一条边界，你想跨越边界去别的国家采果子，需要先征求对方的同意。你不能看见别的国家有果子，觉得不采浪费，就直接过去采了。

　　拥有边界感的核心要求，首先是你要能识别什么是边界，其次是你要懂得"在边界内做事，越界需要先征得对方的同意"这个基本礼仪。

　　婴儿是没有边界感的。在他刚出生时，他认为他和妈妈是一体的，他不清楚什么是"我的"，什么是"别人的"。等他慢慢长大一些，他才会渐渐认识到，原来自己和妈妈是两个不同的个体。这个时候，他的边界感才会逐渐形成。

　　武志红老师打过一个比方，他说，有些人虽然长大了，但心理上还是一个婴儿，这样的人就叫作"巨婴"。这样的人分不清楚什么是自己的，什么是别人的，因为在他小时候，他的妈妈没有让他认识到什么是清晰的边界。

比如，妈妈正在喝一杯饮料，儿子看到之后，直接拿过来就喝掉了。这个时候，有的妈妈可能不会说什么，觉得这很正常，觉得自己的就是儿子的。但如果是在一些所有权意识比较强的家庭，这样的事情就不会经常发生。通常，孩子会先问一下妈妈："这杯饮料我可以喝吗？"得到妈妈的同意后，他才会把饮料喝掉。当他问这句话的时候，他的心里是有边界感的。他知道虽然自己跟妈妈很亲密，他想喝妈妈也一定会让他喝，但还是要先征求妈妈的同意，因为这是妈妈的饮料。

如果一个人在小的时候没有形成所有权意识，长大之后，他就会因为缺乏边界感，在生活、工作中四处碰壁。

关系再好，也不能越界

比如，在公司中，明白如何和上级、员工打交道，知道什么样的决定应该由谁来做，这就是一种边界感。

一个有边界感的人，会知道有些决定应该由上级来做，有些决定应该由员工来做。如果要跨越边界，就需要先征得对方的同意。然而，有些老板在管理员工的时候却意识不到这个问题。

举个例子。假如有一位老板，他的公司正处于飞速发展阶段。然而，有一天，他的一位非常得力的下属却突然决定要辞职。

老板问他："你做得这么好，为什么要辞职呢？"

下属回答："因为我的太太想要离开这个城市。虽然我也很想留下来，但是我还是决定跟我太太一起走。"

这位老板就说："那你就离婚呗，事业比家庭重要多了，你留下来前途无量啊！为了家庭而放弃这么好的前途，太可惜了。"

你看，这个时候，这位老板就越界了。

他没有意识到离不离婚应该由别人来决定，跟公司没有关系。他说的这番越界的话，只会让别人陷入尴尬的局面。

在人际交往中，我们也经常会遇到这样的情况。假如你在一个会议上认识了一位新朋友，起初，大家都很有礼貌，互相介绍自己的公司、职业，互相交换名片。聊着聊着，对方突然问你："你一个月挣多少钱啊？"这个时候，你一定不想搭理他了，因为他越界了。

有的人甚至会继续跟你说："我一个月赚3万块，你呢？你一个月挣多少钱？我告诉你了，你也告诉我吧。"这就更不礼貌了。一个月赚多少钱，这属于个人隐私。隐私的所有权属于自己，别人不应该主动询问。如果你主动告诉别人自己一个月赚3万块，这说明你愿意把自己的所有权分享给别人，但这并不意味着别人一定要跟你交换。

有的时候，你可能还会遇到这样的情况：朋友在微信上问你一些问题，如果你正好不忙，他的问题也比较简单，你就顺口回答了。但有的时候你特别忙，可能就不会及时回复他。他立刻打电话找你："我看你没回复，我就打个电话问问你。"这时候，你可能会说："我现在不方便接电话，有什么问题你先微信留言，我方便的时候再回复你。"这本来是很正常的情况，但是对方却恼羞成怒："你太不把我当朋友了！我一直认为你是特别好的人，看来我看错人了！"

这也是典型的缺乏边界感的表现。

别人的时间的所有权属于谁？属于他自己，你没有权利占用。你要占用别人的时间，就需要经过对方的同意。强行占用，就属于越界。

守住边界

大家一般都分得清楚物品的所有权，比如每个人都能分得很清楚这块手表是你的、那台电脑是我的。但是，时间、隐私、权利……这些无形东西的所有权，很多人却分不清楚。

举个例子。公司开会，讨论一件事情应该怎么做，大家各抒己见，争得面红耳赤。讨论完之后，老板拍板说："我们最终决定这样做。"这时候，一位持反对意见的员工站起来了，说："我不同意，真的不应该这样做，这样做是错的……"

这位员工就越界了。为什么？

因为发表建议是员工的权利，但是，做决定是老板的权利。大家要分清楚各自都有什么权利，也就是要有边界感。你可以参与讨论，发表建议，但是如果老板最终没有采纳你的建议，你也要接受。

这时候，你的正确做法是什么？你可以保留自己的看法，可以不同意老板的决定，可以不被老板说服，这是你的权利。但是，你要执行老板的命令，因为这是你的工作职责。

讨论的时候你可以充分发表意见，但是一旦老板做了决定，你就要坚决执行。这就是边界感。

和别人沟通交流的时候也是如此。表达的权利是你的，接受的权利是对方的。对于你的观点，对方可以不信，可以不认同，也可以不接受，但是你有表达的权利。对方不能因为他觉得你说得不对，就不让你开口。同样，你也不能因为对方不认同你的观点，就想尽办法强迫对方接受。这就是边界感。

写文章也是如此。我有表达的权利，我可以在文章中表达我的观点，但是我没有让你接受的权利。我就不能说"你必须怎么做，如果你不这么做，就会怎么样"。如果我这样说了，就是一种越界。我只能说，对于这件事我是这么看的，如果是我，我会怎么做，希望能对你有点帮助。这时候，接不接受的权利依然在你手上。这就是边界感。

小提示

边界感的本质，是对所有权的认知。你要知道，什么是你的，什么是他的。你在你的范围内做事，他在他的范围内做事，如果要跨越边界，就需要先征求对方的同意。

大家一般都分得清楚物品的所有权，但是，时间、隐私、权利……这些无形东西的所有权，很多人却分不清楚。

不管是在生活中还是工作中，边界感都非常重要。很多让人不舒服的举动，通常都是因为对方越界了。所以，我们要时刻训练自己的边界感，注意不要侵犯别人的边界。这是一个成年人应有的基本修养。

否则，没有边界感的人，即便长大了，也会是一个不受欢迎的"巨婴"。

给心力电池充电的 4 种方法

最近几年，我有幸成为"创业黑马"的领队，带了一个由创业者组成的私董会小组。其实，与其说是我带了个小组，不如说是我跟大家一起学习、一起成长。我和小组里各行各业的创业者差不多每两个月见一回，聊聊那些让他们睡不着觉的问题。这些问题一般都是关于战略、组织，或者管理方面的。

不过，最近有一位创业者的话把我吓了一跳。

他说："润总，现在最让我睡不着觉的问题就是去公司。每个人都盼着我带来好消息，盼着公司能重拾高速增长的势头。但现实太残酷了，我也不知道该怎么办。我创业 25 年了，以前每天都舍不得离开公司，现在却害怕面对员工。我不敢跟任何人说实话，怕大家心一散，公司就垮了。我只能强颜欢笑，假装一切都尽在掌握。这种煎熬太痛苦了。"

很多创业者，之前没经历过这种痛苦。因为以前创业就像攀岩，但现在却变成了徒步。

徒步，不管走多远，都是一样的景色，没有变化，有时甚至看不到希望。你从周围得不到任何"鼓励"。一路上没有鲜花。只有到终点才有掌声。这一路上唯一能让你坚持的，就是你自己内心的力量。

这种让你坚持不放弃的力量，就是心力。

心力，就像是我们生命里的一块电池。没电寸步难行。一个人有多大心力，就能走多远的路。

心力的考验，可能是每个人，尤其是创业者，在成为企业家的这条道路上的第八十一难。

如果心力不够，怎么办？该如何补充心力呢？

为了搞清楚心力这块电池是怎么充电的，我专门请教了上海交通大学的仇子龙教授。他是研究生命科学的专家，对心力这块电池的原理和充电方法有自己的独特看法。

仇子龙教授给我解释了人为什么需要心力这块电池。他说，遇到难题就想退缩，这是人性，因为难题背后往往藏着危险。我们焦虑、沮丧、恐惧，这些情绪都是为了让我们避开危险。如果不是这样，人类怎么可能活到今天？不过，如果这时候你的心力电池是满格的，它就能给你打气：怕什么呀兄弟，咱们进化了几百万年，这点困难算什么，别尿，上啊！

所以，保持心力电池电量充足特别重要，我们得学会经常给自己"充电"。

那么，怎么充电呢？

仇子龙教授教给我四种充电的方法：多巴胺充电法、内啡肽充电法、血清素充电法和催产素充电法。

多巴胺充电法：经常庆功，就能成功

先来说说什么是多巴胺。

我问仇子龙教授："从您的专业角度来看，什么是多巴胺？它有什么作用机制？"

仇子龙教授告诉我，多巴胺是人在确定动机后，体内分泌的一种能支撑着他不断攀登、享受过程、完成目标的化学物质。

想象一下，在你考试考了满分、女神接受你的表白、你公司上市敲钟的那一刻，你是不是感觉特别爽？

为什么这么爽呢？

这是因为，"完成目标"对我们的生存很重要。能完成目标的人，更容易活下去。所以，当你追求目标时，尤其是真的完成目标时，你的身体就会自动释放一种叫"多巴胺"的东西，它让你感到快乐。那种快乐，就像你辛苦种了一季的苹果终于收获时，一口咬下去感受到的那种甜。

举个例子，一位创业者非常热爱一门事业，想把公司做上市。这是他的明确动机，这时他脑中的多巴胺是最多的。

但创业的过程很艰辛，会遇到很多困难：没时间陪伴家人，为公司的各种事发愁，等等。所以，在创业时往往是不容易开心的。但多巴胺的分泌使这位创业者产生了一种特殊的满足感，使他觉得创业过程是一种享受。

但是，一旦把公司做上市了，他脑中的多巴胺就没了。因此这个目标达成后，他就需要重新寻找更高的目标。

多巴胺对人是很重要的。它让我们在有动机去做一些事情时，可以享受这个过程。我们的人生需要不断攀登，而多巴胺是支撑着我们不断攀登的重要因素。

现在你应该明白，为什么有些创业者会"心力交瘁"吧？因为他们"苹果"一直种不出来，太久没有尝到成功的甜头了。

那怎么办呢？

自己给自己按下那个"快乐按钮"。你可以学学《繁花》里的小汪，经常庆功。

- 又签了一个新客户？庆祝一下。
- 这个月终于盈利了？庆祝一下。
- 公司撑了 4 个月还没倒闭？这个要开香槟，好好庆祝一下。

"经常庆功，就能成功"，这句话是有道理的。这其实就是把大目标分解成一个个阶段性的小目标，完成一个就给自己一点奖励，用多巴胺给自己充电，然后用这股电量去追求下一个目标。

需要注意的是，一旦动机不对，多巴胺也有可能会控制或"劫持"你的系统。比如游戏，这类行为有一个很明确的特点——有很强烈的动机。一个人一旦游戏上瘾，就会不惜一切代价去到处寻找游戏机会。一个痴迷游戏的人，要通过不停地打游戏来获得令大脑开心、满足的感觉。这时，他们的多巴胺系统就是被"劫持"的。

内啡肽充电法：没苦硬吃，汗水合伙

我们的大脑里会分泌一些内源性的类似吗啡的物质，也就是内啡肽。它能刺激我们的大脑，让我们觉得很开心。

内啡肽很有特点，它和多巴胺不同，不需要有很强烈的动机。日常吃辣可以刺激大脑产生内啡肽，虽然这种刺激相对较弱。长跑也能让大脑产生内啡肽，在跑步的过程中你能感觉到，大脑在运动时能得到比较温和的刺激，这就是使我们开心的内啡肽。

你身边有没有这样的朋友：每天都要先跑 5 公里，再开车去上班？我有一个朋友就是这样的，有一次，我忍不住问他："你为什么不直接跑着去上班呢？"他说："办公室不能洗澡啊。"我摇摇头："那你得起多早啊，不辛苦吗？"他说："不跑才辛苦呢，一天不跑，浑身难受。"

我觉得他在"凡尔赛"，但仇子龙教授说，他这不是"凡尔赛"，而是体验到了"跑者高潮"。这就像你吃了根辣椒，刚开始辣得眼泪直流，但过了一会儿，却觉得全身暖洋洋的，特别舒服。

我们人类一般不会自找苦吃，但有时候苦会自己找上门。比如，不小心踢到桌脚，疼得龇牙咧嘴。这时，身体就会分泌一种"天然止痛药"——内啡肽，帮你缓解疼痛，还能让你感到愉悦。

跑步也是这样。刚开始跑步时，你会感觉自己就像被人追着打似的。但是，渐渐地，你感觉身体越跑越轻，越跑越舒服，甚至很爽。这就是内啡肽在起作用。而且，内啡肽给你充的电能用很久，跑完步后的整个上午，你都会感觉神清气爽，工作效率倍增。

那么，如何用内啡肽给自己和团队充电呢？

我们润米咨询有个土办法，叫"没苦硬吃，汗水合伙"。我们建了一个运动打卡群，叫"汗水合伙人"，大家自愿入群，只要今天运动了 30 分钟，就可以在群里打卡，什么运动都算，怎么证明都行。我们的要求不高，一个月只要打卡10 次就算达标。如果实在没做到，就发个红包，多少随意。

没苦硬吃，比如运动这件事，一开始确实有点反人性，需要通过"他律"来形成"自律"。但只要你坚持下去，它就没那么困难了，因为内啡肽会给你悄悄充电。

血清素充电法：员工感谢，公司出钱

能使我们快乐的还有另一种化学物质——血清素。很多人可能不知道血清素，它是一种非常好的化学物质。因为最有效地治疗抑郁症的药，就是刺激血清素释放或者调节血清素功能的。

仇子龙教授告诉我，清华大学有个罗敏敏教授，在做一些很有趣的工作——设计释放小鼠的血清素。他发现直接刺激小鼠的血清素释放，能让小鼠获得非常单纯的快乐。

怎样才是单纯的快乐？比如让小鼠跑一会儿后再给它喝点糖水，喝完后它马上就兴奋了，然后开始分泌血清素。喝糖水就是一种刺激，对小鼠进行不断的刺激后，它就会获得单纯的快乐。这和多巴胺不一样，刺激多巴胺分泌的时候，一个人是不会表现出情绪上的快乐的，但刺激血清素分泌的时候他却会获得单纯的快乐。

血清素，是让我们快乐的一种化学物质。

想象一下，你躺在海边，阳光洒在身上，海风轻轻吹过，你睡得那叫一个香，醒来后，仿佛时间都停住了。什么"洞房花烛夜，金榜题名时"，跟这一刻相比，都是浮云。

这种纯粹的、无条件的快乐，就是血清素的魔力。它就像一个情绪稳定器，能让你在面对外部的狂风暴雨时稳如泰山。

那创业者如何使自己和员工获得这种快乐呢？

其实很简单。吃好喝好，睡个好觉，晒晒太阳，以及和朋友们聊聊天，感受来自周围的温暖。

几年前，我去有赞商城调研，有赞 CEO 白鸦跟我分享了他的一种做法：发感谢卡。我觉得很有意思，就学了过来。

每个月，我们润米咨询都会给员工发一张感谢卡。员工可以写给任何帮助过自己的人，向他们表示感谢——除了上级，因为上级帮助下属是分内的事。

有人会感谢小 A 上次陪自己去医院，有人会感谢小 B 特意从回家路上折回公司为自己解困，还有人会感谢小 C 不经意间的一个小小帮助，解决了自己的大问题。然后，公司会给小 A、小 B 和小 C 每人各发 200 元的购物卡作为奖励。其实发多少钱不是关键，关键是让大家知道自己有多重要，体验到那种由衷的快乐和满足感。

催产素充电法：没福硬享，深深拥抱

除了内啡肽和血清素之外，我们的身体还会分泌一种能让我们感到快乐的化学物质，那就是催产素。

芬兰北部有一片神奇的森林，每年八月，这里都会举办一个特别的比赛：世界抱树锦标赛。这个比赛就像森林里的音乐节，吸引了很多人来参加。有人抱着树唱歌，有人抱着树念诗，还有人扮成棕熊不停地蹭树……

为什么会有这么奇怪的比赛呢？人们为什么会喜欢抱树呢？这是因为，拥抱能让身体分泌催产素。而催产素，会让人感到快乐。

想象一下，小宝宝哭得像个小喇叭，你一抱，他就安静了。为什么？因为催产素出来工作了。所以，催产素又叫"爱的激素"。你抱抱小狗，撸撸小猫，心都要被萌化了，也是因为催产素在起作用，它能让你心情舒畅，压力全无。

那管理者如何创造催产素，给自己和团队充电呢？

深深拥抱。

问道游学在美国和墨西哥调研结束，要回国的那天，办了个告别晚宴。大家依依不舍。其实，游学不单纯是为了调研，而是为了改变。但改变，就需要强大的心力。怎么办？

深深拥抱，互道"加油"。

那一刻，我们的心力重新满格。

小提示

心力是支撑你走到下一个目标的电池，多给自己充充电吧！

- 用多巴胺充电，就像喝了罐能量饮料，你干劲十足，想到目标就来劲。

- 用内啡肽充电，就像吃了颗止痛药，痛苦一下子就没那么大了，你整个人都轻松了。

- 用血清素充电，就像喝了杯热巧克力，心里暖暖的，特别踏实，你一下子觉得一切都很美好。

- 用催产素充电，就像抱着一只可爱的猫咪，你感觉特别舒服，好像整个世界都要被萌化了。

这个世界上，总有解决不完的难题。但只要还有心力，你就没有失败；只要留在牌桌上，你就还有机会。

越是面对难题，你越要冷静下来，用充足的心力去思考真正"重要"而不只是"紧急"的问题。

第 5 章

社会协作的底层逻辑

世界三大法则：自然法则、族群法则、普遍法则

有同学问我："怎样像一个成年人一样和世界打交道?"因为他常遇到"巨婴"和"杠精"，很难理解他们，与他们协作也很困难，有时甚至吵得不可开交。总的来说，他认为这类人非常不成熟、不职业。

我忍不住回复他：发生这样的事情，是因为我们在不同的法则里和对方交流。

这个世界上，有三大法则：自然法则、族群法则、普遍法则（见图 5-1）。成年人懂得如何用这些法则来和对方协作，并且保护自己。

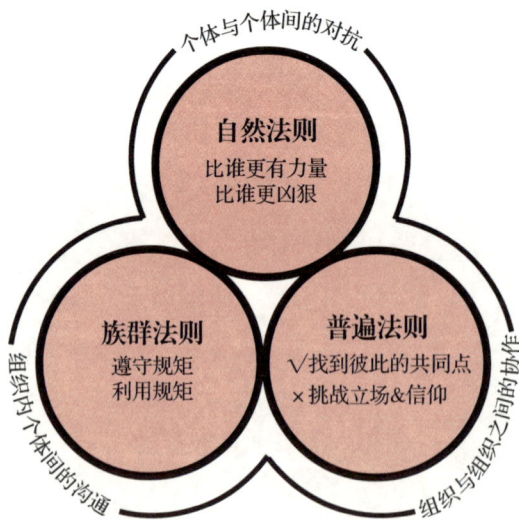

图 5-1　这个世界的三大法则

自然法则

什么是自然法则？物竞天择，适者生存。或者说，弱肉强食。

如果有一个人冲进你的山洞，要抢走你所有的食物，请问你要怎么办？你只有一个办法——抢起火把，抄起木棒，把那个人打出去。

你没办法和他讲道理，没办法说"我们签过和平协议""这是不对的"，也没办法说"这次你放过我，下次我也放过你"……这些都是没有意义的。

他马上要饿死了，你也要饿死了，在这种情况下，唯一的办法就是比谁的块头更大，比谁更有力量，比谁更凶狠。

这就是自然法则。

在自然法则下，想要生存，个体的优势非常重要。

个体的优势，主要有两种：一种是"暴力"，另一种是"狡诈"。或者换个稍微好听一点的说法，一种是"强壮"，另一种是"智慧"。要么在他冲进洞口时直接把他打跑，要么在洞口给他设陷阱、布圈套，让他没法闯进来。

自然法则，能够很好地保护我们的个人利益。

如果你遇见一个野蛮人，他毫不讲理，我建议你用自然法则。

族群法则

但是，自然法则也有问题——容易让人与人之间产生极度的不信任，很难协作。

于是，族群法则就产生了。

什么是族群法则？

族，就是有相同血缘的人；群，就是有相同目标的人。

族，是为了能够生存延续；群，是为了能够实现目标。

因为有一个大于个体目标的目标存在，所以大家聚在一起，形成了族群。家庭是一个族群，公司是一个族群，宗教是一个族群，国家也是一个族群。

因为这个大于个体目标的目标，大家必须出让一部分自己的选择权和决策权给集体。这时定义的新法则，就是族群法则。

比如在企业里，业绩第一，结果说话。创造价值，分享利益；一起成长，相伴前行。如果他成长得太快，你应该高兴地看着他离你而去，因为没有人会跟随你一辈子。如果他成长得太慢，你应该拍拍他的肩，然后转身离去，和跟得上你步伐的人一起前进，没有人该跟随你一辈子。走的欢送，来的欢迎。这是企业的规矩和法则。

比如国家，热爱祖国，遵纪守法。政府提供公共服务，你履行责任和义务。如果不听，政府把你抓起来，依法惩处。这是国家的规矩和法则。

为了那个更大的目标，大家牺牲了一部分个人利益，用群体的强大，保护个体的弱小。那些订立的规矩，就是族群法则。

如果是组织内部的沟通协作，我建议你用族群法则——遵守规矩，利用规矩。

普遍法则

但是，族群法则也有问题——族群内和睦融洽，族群间争吵冲突。

于是，普遍法则产生了。

什么是普遍法则？就是可以跨越个人和组织、所有人都理解和认同的东西。

2016 年，我去过一次以色列。耶路撒冷这个"三教圣地"（犹太教、基督教、伊斯兰教），用三千年的时间获得了一项吉尼斯世界纪录——世界上被征服次数最多的城市。每个宗教，都认为自己才是耶路撒冷的主人。这座充满悲情的城市，被征服了 44 次，一次又一次在废墟中重建。

在耶路撒冷，我深深感受到自己的无力和渺小，因为个体的智慧无法解开长达千年的死结。对于有三千年历史的耶路撒冷，有些东西可能是无解的。

但是，我也深深感受到一种惊奇：有些时候，大家竟然也能放下杀戮，相安无事。族群之间依然在协作，依然在开展贸易和经商。

为什么？

因为有普遍法则。

　　我无法说服你，无法改变你，无法教化你，但是，你可以保留你的想法，我也可以保留我的观点，因为一定有我们彼此都认同的东西。比如尊重生命——尊重生命的珍贵和伟大，不轻易杀人。再比如契约精神——彼此承诺过的事情，要尽可能做到，不能撒谎和欺骗。这些普遍法则超越了族群之间的冲突，使人们在更大范围内建立信任。

　　如果是组织与组织之间的沟通协作，我建议你用普遍法则——找到彼此的共同点，而不是挑战别人的立场和信仰。

小提示

这个世界上存在着三大法则：自然法则、族群法则、普遍法则。从自然法则到族群法则，再到普遍法则，是世界不断进步、文明不断发展的标志。

当你用这三大法则的视角看世界时，就会理解个体发展、组织博弈甚至国际政治背后都有其原因。

但是，回到自己身上，你要知道：

自然法则是最"健壮"的，因为最原始，只需要自己认同。

普遍法则是最"有效"的，因为最广泛，能产生更多协作。

"巨婴"和"杠精"，是在和世界打交道的过程中，选择了错误的法则。

问问自己：今天你在以什么样的法则，与这个世界进行价值交换？

你用的法则越高级，你能换到的东西就越多。但同时，你也更脆弱。

我们要懂得，用族群法则、普遍法则与世界进行价值交换，同时在必要的时候，用自然法则来保护自己。

找到并利用自己的战略势能

我曾经写过一篇文章，叫《华为：这不是技术战争，这是财富分配权的战争》，讨论了"谁掌握稀缺资源，谁就拥有财富分配权"这个观点。其中提到，华为特别重视研发，每年华为的研发投入都超过全年销售收入的15%。以2023年为例，华为的研发费用达到1647亿元，占全年销售收入的23.4%。

华为为什么重研发？因为重研发，会让华为拥有较高的势能，就像在战争中一样，势能高的一方优势就大。

要理解这点，就要从理解战争的本质说起。我们可以从这个角度，尝试着去理解华为为什么重研发。

当我们讨论能量时，我们在讨论什么

得到App上有一门课程叫《熊逸讲透〈资治通鉴〉》，其中有一讲说的是"水攻"，给我留下了深刻的印象。

过去打仗大多都是用火攻，《孙子兵法》里就有讲如何用火打仗的《火攻篇》，但没有《水攻篇》。这是为什么呢？因为水通常被认为是用来防守的，比如护城河，能起到防守抵御的作用。

一场战役如若决定用水攻，指挥作战的将军要怎样才能攻下一座城池呢？

答案是建坝，围绕城墙建坝。

在过去的技术条件之下，要围绕城墙建坝很难，这位将军用了整整三年，才把大坝一直建到上游水源处。之后的事情就变得简单了，只要把水闸打开，上游的水便会哗哗地冲过去，整个城市就被冲开了。

整个过程看起来并不复杂，让我觉得很受启发的是，这里存在一个更底层的逻辑，它不是"水"和"火"的差距，而是能量的差距。

当我们讨论能量的时候，我们在讨论什么呢？

让我们一起来看，从拳头到子弹，这些战争工具的能量存在着怎样的差距？

拳头——我们一拳打过去，用的是我们吃下饭后产生的化学能。在挥出拳头的瞬间，这种化学能突然转化为动能，用拳头顶部坚硬的关节，打在对方的柔软部位。

刀剑——手起刀落，形成一条"线"上的切割。同样是挥舞手臂的能量，但刀剑有磨得极为锋利的刀锋，刀锋以更小的受力面积、更大的压强，给敌方造成足以划开皮肉、抵达骨头的伤害。

弓箭——增加了时间的维度，弓弦拉得越紧，弹回来的势能也就越大，弓弦的势能传递给箭之后，转化为动能，再以尖锐的箭头作为唯一接触点，"嗖"的一声刺入敌方的身体，给敌方造成定"点"伤害，实现穿刺攻击。

投石车——投石车就更强了，士兵在准备期间摇动绞盘、滑轮，其体内的化学能就一点一点地转化为配重物缓缓上升后的势能；士兵放好石弹后，突然砍断绳索，在配重物下落的一刹那，杠杆将配重物的势能在极短的时间内转化为石弹的动能，这种动能能将100公斤的石弹抛射大约250米（比两个足球场的长度加起来还长），对敌方城墙造成巨大破坏。

子弹——子弹头是否足够尖锐已经不再重要了，为什么？你会发现很多手枪的子弹头其实是圆的，因为它在枪膛内爆炸产生的能量已经大到能产生足够的动能，而且圆头子弹在进入人体后由于受到更大阻力，对中枪者能造成更大伤害，使其迅速丧失战斗力。

所以，自从掌握了火药和枪支后，人类掌握能量的水平就大幅度提高了。

战争的本质，是对能量的控制

理解了以上这些，我们再回到水攻城池的话题上来——为什么要用水攻？

没错，因为水有巨大的势能。

那么，水攻城池的本质是什么呢？

答案是借助一种自身并不具备的势能来作战。

从一个理科生的角度来看，军队养士兵，就是军队通过分发军饷，将士兵吃下去的化学能转化为杀敌的能量。但如果士兵们吃了一天的饭，然后马上派他们去打仗，他们只能把当天产生的化学能转化为挥刀、射箭的动能。

怎样才能提高一个层次呢？我们能否用三年的时间去建水坝，用三年吃出来的化学能去逐步累积、建立并控制一个能量更大的壁垒，然后建完之后，把水闸"啪"的一声打开，充分释放势能呢？这个势能一定是巨大的。你看过电影《2012》吗？洪水哗哗地奔涌而来，把整个城市都淹没了。

从本质上来理解水攻，这个过程就是把一个军队吃了三年的化学能量，转化为能一举冲垮一座城池的能量的过程。

所以，战争的本质，是对能量的控制。

我们再举一个例子。你一定听过一个成语，叫"易守难攻"。什么叫易守难攻呢？为什么要站在山头势能高的地方呢？因为在万仞之巅，那些石头早就积累了无数势能，往下轻轻一推，它们的势能就会为你所用。

而那些从下往上仰攻的敌人，不但没有创造额外的能量，他们还在消耗能量。

所以，从山头往山下打和从山下往山头打，本质上是不同等级能量之间的对抗。

在一场战争中，谁能善用自己所看到的并且不属于自己的所有能量，谁就能赢得这场战争。

我想，如果今天再有人写一部兵法，会不会很有可能叫《能量使用法》呢？

借助外在势能，企业才更有可能成功

现在，我们再来说说企业：

如果站在能量的角度来理解企业经营，销售团队是一支什么样的团队呢？

从本质上来说，销售团队是一个把化学能转化为动能的团队。我们可以把整个销售团队理解为冷兵器时代的军队，他们在平地上推石头，通过把团队的化学能转化为动能，从而把石头往前推。在这个团队中，力量比较大、水平特别高的高级销售人员就像是巨人，能把石头推得更远一点。因为巨人吃得多，能量转化得也多。

而一个真正优秀的企业，则要懂得借助更大的、本不属于自己的能量，像水攻城池那样，让这些能量帮助自己获得商业上的成功。

我们经常说商业模式，商业模式创造的是什么能量呢？是势能。

当你拥有一个优秀的商业模式时，你就相当于站在了山顶上，虽然敌方有一个很强大的销售团队，但对方其实是在仰攻，你只要把山顶上的石头往下轻轻一推，就能获得胜利（见图 5-2）。

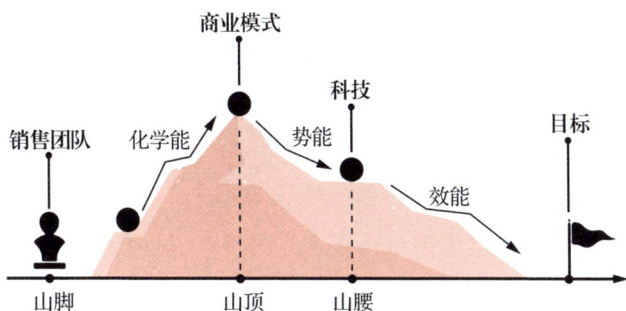

图 5-2　商业模式创造势能

科技又是什么呢？科技也是势能。一家公司拥有了许多专利，就相当于有了许多工具，利用这些工具的势能，就能形成商业竞争中的"水攻"。

所以，现在你应该理解了科技公司为什么会每年投入15%的总销售收入甚至更多的研发费用来筑造"城墙"，你应该也理解了华为到底在干什么。

巨大的湖泊或河流就在那里，一家企业只有每年投入巨大的研发费用去培养自己的博士团队，设法借助未来科技所带来的势能，这样，当建坝建到水边的时候，水的势能才能为其所用。

华为建了10年5G的水路，才最终借助水的势能，冲掉了许多"城池"。

借助外在势能，而不是借助员工每天吃下去的化学能，企业才有更大的机会获得成功。

小提示

我们曾说"你陪客户喝的酒，是做产品时没有流的汗"，这是因为我们做产品是把千钧之石推上万仞之巅，再在尽可能大的势能之下，将其轻轻推动，用营销和渠道减少阻力，把这种势能转化为动能，然后用转化的动能去尽可能地覆盖用户，从而设法获得商业上的成功。

我们还说，"求之于势，不责于人"。"求之于势"，是寻找战略势能，追求技术领先、商业模式优越以及效率优势；"不责于人"，则是把正确的人放在正确的位置上加以赋能，是在匹配责权利制度的前提下，充分调动每个人的全部能量。

战争的本质，是对能量的控制。祝福华为。

产品价格到底应该由什么决定

我的工作是商业咨询，因此有机会接触到很多创业者。有些创业者在给我介绍他们的产品时，会问问我的建议。

有一次，我看了一款产品后说："产品很好，但是感觉有点贵。"

创业者说："我们的产品定位就是中高端，是要卖给中产阶层人群的。"

听他这么一说，我就想说："中产阶层得罪谁了，为什么要把贵的东西卖给我们？"

接下来，他们一般都会追问："那我的产品应该怎么定价呢？"

从商业洞察的角度来说，产品价格是由消费者能感知到的价值决定的。

消费者能感知到什么价值？——功能价值、体验价值、个性化价值（见图5-3）。

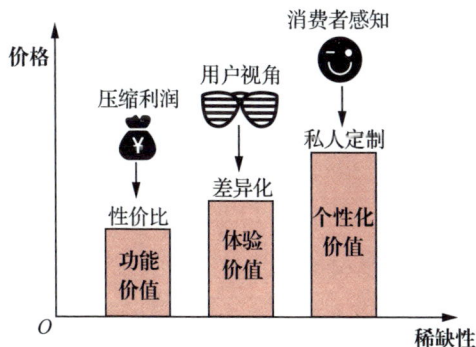

图 5-3　产品价格由什么决定

功能价值

什么是功能价值？

比如，街头小贩卖西瓜，他卖的是整个西瓜。为了把西瓜卖出去，他会打出吸睛的广告牌，如"甜得舍不得卖"，这个广告牌让我们知道这个西瓜特别甜，这是我们能感知到的功能价值。

再比如，我去爬山，爬得特别累，爬完山后感觉饿得不得了，于是赶紧找了个餐馆，点了三个大馒头，狼吞虎咽地吃完后才觉得饱了。馒头能吃饱，这是我感知到的馒头带来的功能价值。

同理，几乎所有的食物，理论上都可以满足吃饱的需求。如果仅仅是满足吃饱这个需求，那么所有食物的价格应该都是一样的。这时，你认为哪种食物会更受消费者欢迎？当然是价格更低的食物。

如果消费者只是为了吃饱，那么无论是馒头还是海鲜，它们的功能都一样。所以，价格是一个非常重要的竞争因素。

但是"价格"这个词并不准确，我们可以用一个更准确的词来描述——"性价比"。

什么是性价比？

性价比是指性能与价格的比。在品质相同的情况下，产品越便宜，则性价比越高；或者在价格相同的情况下，产品品质越好，则性价比越高。

人类有两种最基本的购物需求：物美价廉和价廉物美。这两者有什么区别？

举个例子。上海有个地方叫七浦路，翻译成英文是"Cheap Road"，意思就是这里的东西很便宜。而在徐家汇，有个很高端的购物中心，叫港汇广场。

大家一般会在什么情况下去七浦路？通常是在周末空闲的时候去逛一逛，因为七浦路的东西很便宜，所以大家都去"价廉"里面找"物美"。

那一般会在什么情况下去港汇广场？比如有个朋友下个星期要结婚了，邀请你去一家很高端的酒店参加婚礼，要求每个人都要穿礼服。但你没有礼服，这时候你会去港汇广场，因为这里的物品都很好，但通常都比较贵。你可能会到处逛，试图从中找到一件比较便宜的，这就叫从"物美"里面找"价廉"。

这两种需求永远都不会消失。而不管是价廉还是物美，背后都存在着性价比。

所以，如果你做的是功能型产品，高性价比或许可以成为你的竞争优势。

那怎样才能做出高性价比？

最基本的方法是通过规模效应降低成本，规模越大，价格越低。但成本降低后会带来更大的规模，到最后就会演变成价格战，将利润空间压榨得越来越小。

还有一种方法是利用技术优势降低成本，即提高效率。比如，本来一小时只能生产 10 件产品，研发出新技术后，可以一小时生产 50 件产品。但提高效率的难度很大，只有少数公司能做成。

那大多数公司怎么办？

大多数公司都不应该在同一种产品上比价格，而是要给消费者提供更稀缺的价值——体验价值。

体验价值

什么是体验价值？

我们还是以卖西瓜为例，小贩看到卖整个西瓜的销量不好，于是就推出了新卖法：卖半个西瓜，送一个勺子。在其他人都在卖整个西瓜时，他的卖法就格外不同。这种新卖法为消费者提供了便利，让他们想什么时候吃西瓜都行。这种差异化就给消费者带来了体验价值。

大家都知道，中国经济在过去的一段时间内一直存在着一个问题——只要有人做出来的产品赚了钱，全中国的同行或外行就会蜂拥而上、纷纷模仿，导致到处都是山寨品。做便宜产品的人很多，能提供体验价值的人很少。但其实，每个国家都会经历一个阶段——跟随别人。

在今天，任何商品只要贴上"德国制造"（Made in

Germany），价格马上就会上涨，因为德国商品带给人们的印象是质量可靠。

但是你知道"Made in Germany"这个标签是怎么来的吗？

在 18 世纪，英国谢菲尔德公司生产的剪刀和刀具非常有名，质量很好，在市场上很受欢迎。德国索林根城制造商就"山寨"了这个产品，他们做出来的产品与谢菲尔德公司的产品很像，品质也很接近，但是价格却非常低。

这种模仿和对他人品牌的侵犯导致英国、法国等制造商对德国非常痛恨，当时德国制造声名狼藉。

为了解决产品被仿冒的问题、维护英国制造商的权利，愤怒的英国人拿起了法律武器。1887 年，英国人在国会上通过了一项带有侮辱性的法案——《商品法》。《商品法》中有一个重要的条款，要求所有来自德国的产品都必须贴上"Made in Germany"的标签，以此将廉价的德国货与优质的英国产品区分开来。

从那时开始，德国人意识到，所有的努力和创新都要凝聚在这个标签上，这是别人选择他们的标准。后来德国的产品做得越来越好，最终摆脱了"低级货"的烙印。

许多国家都曾是山寨大国，美国和日本也不例外。但是，比起一味地模仿，更重要的是要懂得建立差异化，给消费者提供更稀缺的体验价值。

而打造体验价值的核心方法论，是从产品视角切换到用户视角。

但用户会满足于此吗？

不，还有比体验价值更稀缺的价值——个性化价值。

个性化价值

什么是个性化价值？

到了七夕情人节，卖西瓜的小贩又推出了新卖法——"心形"西瓜。只要在半个西瓜上切一刀，再拼一下，一个"心形"西瓜就做成了。消费者在这一天看到这种西瓜，就会联想到可以买来送女朋友，表示自己的心意。

个性化是产品销售中最高级的卖法，它可以让每个人都能拥有私人定制。

典型的例子是红领西服公司，这是一家在互联网上做个性化服饰定制的公司。他们的定制流程是这样的：你对自己的身材进行测量后，把尺寸数据发给他们，然后他们找专业设计师为你设计十几件衣服，做好之后邮寄给你。同时，他们还会告诉你十几种搭配方法，你只要按照搭配试穿即可。如果有喜欢的，你可以留下，不喜欢也没关系，你再邮寄回来就行。

利用这种邮购方式，红领西服公司可以在互联网上满足消费者的个性化价值，这样消费者就不用再到商场做私人定制了。

个性化需求，是这个时代最高级、最昂贵的需求。

个性化产品，是能让用户感知到最稀缺价值感的产品。

小提示

产品定价最重要的因素是消费者，因为产品价格是由消费者能感知到的价值决定的。

消费者可以感知到的价值包括功能价值、体验价值和个性化价值。

比如，消费者希望买到的西瓜更甜，于是小贩打出广告"甜得舍不得卖"，这叫满足功能价值。

消费者想要随时都能吃到西瓜，小贩就把西瓜切成两半，再配个勺子，这叫满足体验价值。

消费者想在七夕情人节买西瓜送女朋友，小贩就把西瓜拼成了"心形"，这叫满足个性化价值。

比功能更稀缺的，是体验；比体验更稀缺的，是个性化。

所以，产品的定价，取决于你能提供给消费者什么价值。价值越稀缺，价格就越高。

利润，来自没有竞争

一位正在创业的学员问我："刚开始进入 ×× 行业的时候，可以赚到很多钱。可是，这几年随着竞争的加剧，收入越来越少，现在也就勉强能覆盖公司的所有成本，几乎没有多少利润了，怎么办？"

这个问题，是很多创业者都会遇到的。

怎么办呢？

社会工资与趋势红利

要回答这个问题，我们首先要理解，到底什么叫利润。

有朋友说："这很简单啊，收入减掉成本，剩下来的不就是利润吗？假如生产一件商品需要花 3 元，现在把它以 30 元的价格卖出去，那么，30-3=27，这 27 元就是你的利润呀。"

可是，我想请你仔细想一想：这 27 元真的是你的利润吗？

有朋友说："除了商品的制造成本，还有营销成本、渠道成本、折旧损耗成本、公司运营成本（比如员工工资、办公室开销、管理成本）等，把所有的成本都扣除，剩下来的才是利润。"

没错。

那假如这 3 元已经涵盖了你所说的所有成本，我现在再问：这 27 元，到底是不是你的利润？

其实，这 27 元并不是你真正的利润。

为什么？

假设你刚进入一个新市场，你生产一件商品的成本是 3 元，你把它卖到 30 元，每卖出一件就能赚 27 元，你觉得世界特别美好。可是，这样的状态能稳定地持续下去吗？

如果有人发现花 3 元生产的东西居然可以赚 27 元，只要付出和你一样的努力，在这个新市场就能获得更多的利润，那么，他一定会"杀"进市场。

新人"杀"进市场，他的生产成本也是 3 元，但他发现你已经把市场占领了，怎么办？他是不是只要卖得比你便宜一点，就有优势？

于是，他决定卖 27 元。这就打响了价格战的第一枪。

别人卖 27 元，你卖 30 元，这时候，你怎么办？你也只能跟着降价，但当你的价格降得比他更低时，你才能卖出更多的商品。于是，你开始卖 20 元……

当你把价格降到 20 元时，对手会发现，生意全都被你抢去了，他会怎么办？他会接着降价，反正还能挣到钱，于是，他开始卖 10 元。

卖 10 元，还能赚到 7 元，虽然比刚开始的 27 元要少很多，但这 7 元的利润只要超过了社会的平均利润，就一定会有人继续做这个生意。

对手卖 10 元了，你怎么办呢？那就继续降价吧。于是，你把价格降到了 5 元……

这个行业的利润被迅速拉平，渐渐地，你开始害怕了。

当价格降到 3.3 元的时候，你一算，只有 10% 的利润可以赚了，不能再便宜了，再便宜就要亏本了。你的对手也说，不能再降了，再降就不干了。于是，你们的价格最终稳定在了 3.3 元（见表 5-1）。

表 5-1　稳定的利润形成　　（单位：元）

	你	别人
成本	3	3
初始价格	30	30
第一轮	30	27
第二轮	20	27
第三轮	20	10
第四轮	5	10
第五轮	3.3	5
第六轮	3.3	3.3
第七轮	3.3	3.3
稳定的利润	0.3	0.3

这时候，你们都只能赚 0.3 元。那么，这 0.3 元是你的利润吗？

不是。这 0.3 元，其实只是社会付给你的辛苦费，我们把它叫作社会工资。

什么意思？

如果你赚的钱比 0.3 元还少，你就不干了，你的公司也要解散。可是，社会是需要你的商品的，于是，社会告诉你："别解散，别解散，我出 0.3 元，你要继续干下去呀。"

这 0.3 元，是社会付给你的辛苦费。你想赚更多，也赚不到了。

所以我们说，这是社会发给你的工资，并不是你真正的利润。

而你一开始进入市场时，把成本为 3 元的产品卖到 30 元，这 30 元与最终的稳定价格 3.3 元之间有 26.7 元的差价，这其实是市场给你的趋势红利（见图 5-4）。

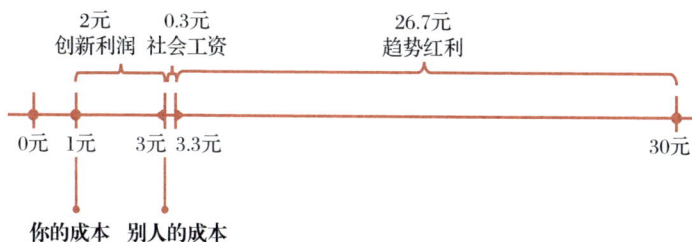

图 5-4　创新利润、社会工资与趋势红利

拿到趋势红利，是你的运气，你应该心存感激。

因为总有一天，当市场趋于饱和时，趋势红利就会被别人拿走。所以，这 26.7 元也不是你真正的利润。

别人能拿走的，那就让他们拿走吧。那些都不是你的利润。

创新利润

那到底什么才是你的利润？

如果你跟别人一样，生产商品的成本都是 3 元，那么你是没有真正的利润的。你真正的利润应该来自通过某种创新使你的成本比别人更低。

当整个行业的成本都是 3 元的时候，你有没有本事把成本降到 1 元？

当你把成本降到 1 元，而别人学都学不来的时候，你比别人便宜的这 2 元，才是你真正、唯一的利润。

这 2 元的利润，别人永远也拿不走。

只有别人拿不走的利润，才是你真正的利润。

那怎么才能做到比别人成本更低呢？一个非常典型的例子，是叶国富的名创优品。

在日用杂货行业，过去 1 元出厂的商品，卖给消费者的价格大概是 3 元。而名创优品的商品，0.5 元出厂，卖给消费者的价格不到 1 元。

这是怎么做到的？

首先，叶国富用"直管"的模式，也就是加盟商出钱、自己管理品牌的模式，在两年之内迅速开出了 1000 多家门店。

因为这 1000 多家门店，他有了强大的议价能力。他找到供应商，问："我有 1000 多家门店，找你进货，你能不能在保证品质的同时，把价格从 1 元压到 0.5 元？"

别人一次进几十箱货，而叶国富一进货就是上万箱，这样的生意你做不做？

这么大的量，供应商想了想，觉得可以接受。因为他最在乎的不是毛利率，而是利润。

然后，名创优品就在 0.5 元出厂价的基础上，加价 8% ~ 10%，作为品牌运营费用，支持中后台的数据、仓库、采购的运营，直接给门店供货。门店再加上 32% ~ 38% 的毛利，覆盖剩下的所有管理成本。最终，名创优品的产品，卖给消费者的价格还不到 1 元，比其他商家的出厂价还低，所以这些商家根本竞争不过名创优品。

这就是效率创新。

其他商家的出厂价是 1 元，而名创优品的出厂价是 0.5 元。这 0.5 元的差价，就是名创优品通过效率创新创造出来的真正利润。

利润，来自没有竞争。

回到一开始那位学员提到的问题，现在我们知道了，刚开始进入行业时，他赚到的钱其实是趋势红利，并不是他的利润。竞争几年之后，收入只能勉强覆盖成本，这是因为他挣到的是社会工资，是社会给他的辛苦费，而不是真正的利润。

只有通过创新，在整个行业成本都是 3 元的时候把你的成本降到 2 元、1 元，并且只有别人学不会也做不来时，你才能建立起真正的护城河，才会拥有真正的利润。

小提示

利润，来自没有竞争。

任何一个行业，所有的趋势红利最终都会被竞争拉平，最后大家只能赚到社会工资。这时候，只能通过创新来创造利润空间。否则，说句扎心的话，你以为你在创业，其实你只是在为社会打工。

所以，问问你自己，你今天所赚到的钱，是趋势红利，是社会工资，还是创新利润呢？

没有 KPI，也能管好公司

以前我一直不理解，没有 KPI，怎么可能管得好公司呢？

没有 KPI，没有对应的奖金，员工怎么会努力干活呢？总会有人偷懒吧？要是所有人都不好好干，公司不就完了吗？

但是现在，我看到了几个活生生的例子，没有 KPI，没有考核，但是团队很有创造力，公司发展得非常迅猛。这些公司让我开始相信，在某些情况下，没有 KPI，没有考核，也能管好公司。

优秀的人不用管理，他们会自我驱动。

第一个例子，是一家咨询公司。

这家咨询公司招的都是非常优秀的人。他们把员工分为六级：初级顾问、中级顾问、高级顾问、项目经理、总监、合伙人。每 2 ~ 3 年，员工会晋升一级。升上去的，工资会翻倍；升不上去的，就要离开公司了。

这是一种强制的向上机制。公司会给你机会，如果你没抓住机会，不代表你不优秀，你在别的地方可能表现更好。

在这家咨询公司，咨询顾问参与项目是没有奖金的。为什么？

因为一旦有奖金，咨询顾问就会有一种动力，把原来用 2000 万元就能解决的问题卖出 5000 万元，对客户进行"过度医疗"。这对客户是不好的，也有违这家公司的价值观。

那用什么来激励咨询顾问呢？晋升。

如何决定谁能晋升呢？用 KPI 吗？用什么 KPI 呢？

不用。他们没有 KPI。

有 KPI，就会有 KPI 的漏洞。那么多聪明人，这些漏洞是藏不住的。

他们的评价方式，是由合伙人打分。他们有一套相对客观公正的打分机制。简单来说，选择某个合伙人给一个咨询顾问打分的前提，是他们没有在任何项目中合作过。为了评价这个咨询顾问，这个"陌生的"合伙人，需要找到与这个咨询顾问合作过的 20 ～ 30 个同事，跟每个人进行充分沟通，然后根据收集到的反馈来给咨询顾问打分，决定他们是否晋升。

这需要投入大量的时间，但能带来相对客观公正的评价。

因为没有 KPI，所以咨询顾问根本不知道如何"向上管理"，如何"优化"考核结果，唯一的选择就是努力工作，努力和每一个人协作。

那万一合伙人有问题，比如对咨询顾问不公正，该怎么办呢？

他们也有一套相对客观公正的机制——匿名对咨询顾问做调查。如果咨询顾问对管理者心存不满，这是管理者的大罪。如果调查属实，他们会给咨询顾问安排晋升计划或者心理辅导。如果这些都无法弥补，这个合伙人就会被开除。

人才是他们最重要的资产，谁也不能伤害人才。

那每年公司赚到的利润怎么分呢？公司的利润，由所有在职合伙人平分。

是的，你没看错，是平分，无论合伙人的贡献大小，一律平分。

那贡献大的合伙人不就被占便宜了吗？其实，没有人能永远贡献最大。这段时间你贡献大，过段时间可能另外一个人贡献大。当合伙人都有充分的自驱力的时候，谁也不会占谁便宜。这就是"胜则举杯欢庆，败则拼死相救"。

他们认为，公司最核心的资产，是最顶尖的人才。但是，越优秀的人才，越不容易管理。

他们没有 KPI，没有奖金，更没有常规意义上的考核，他们不靠这些管人。他们通过晋升机制来选拔最优秀的人，并且相信，优秀的人不用管理，他们会自我驱动。

"我们只招成年人"

第二个例子，是美国的奈飞，它与脸书、亚马逊、谷歌并称"美股四剑客"。

奈飞有一条著名的文化准则，叫作"我们只招成年人"。

什么是"成年人"？小孩子才发脾气，成年人要做的不是抱怨，而是自己动手解决问题。成年人就是那些清楚地知道自己要什么，并且愿意为之付出努力的人。他们有很强的自驱力，渴望和优秀的人一起做有挑战性的事，并且清楚自己和公司是平等的契约关系。

在外界看来，奈飞的很多管理方式不仅有颠覆性，甚至有些疯狂，但是创造出了惊人的效果。

他们是怎么做的？

首先，他们没有绩效考核，并且给员工市场上最高的工资。

很多公司都会给员工基础工资和奖金，奖金多少由员工的 KPI 完成度决定。但是奈飞没有 KPI，他们认为，如果要拥抱变化，提前为员工设置 KPI 是不靠谱的，不可能定出一个合理的 KPI。

并且，绩效考核带来的最大问题是什么？是下级会取悦上级。因为考核员工的是他的上级。如果一个人做事是为了取悦上级，那他的动作就会变形。

同时，优秀的成年人靠自我驱动，不需要靠奖金驱动。

所以，他们给员工市场上最高的固定工资。

不仅如此，他们还经常鼓励员工接受其他公司的面试，了解自己的"市价"。如果其他公司给某位员工 100 万元年薪，奈飞就会给他 110 万元。如果过了一段时间，员工再去面试，其他公司给他 120 万元年薪，奈飞也会把他的薪水提高到 130 万元，永远保证员工拿到的工资是最高的。

为了不让规章制度限制员工的工作，奈飞甚至取消了考勤和休假制度。员工在认为需要休假的时候，只需要与上级领导沟通好即可，且休假天数没有上限。

那要是有员工不胜任工作怎么办？奈飞会给他一个慷慨的离职包，通常是 4 ～ 9 个月的工资。

为什么给这么高的遣散费？因为与其让这样的员工在公司混半年日子，公司还得给他发半年工资，不如提前把钱给他，让他离开。在奈飞，普通员工离职补偿 4 个月的工资，高管离职补偿 9 个月的工资。

最后奈飞公司留下来的，都是非常优秀的人，人才密度极高。

没有后顾之忧的人，才能发挥出最大的创造力

第三个例子，是樊登老师的帆书（原樊登读书）。

帆书现在一年的收入大概是 10 亿元。樊登老师生活在北京，但是他的大部分团队都在上海，他几乎不怎么管理公司。一个不怎么管理公司的老板，是怎么把生意做到 10 亿元的，而且公司还运转得非常不错？

樊登老师说，很多公司总想用激励来解决问题，给员工很低的基础工资，再加上高一点的奖金，然后给员工设定 KPI，完成 KPI 才能拿到更多的奖金，生怕给了员工较高的固定工资之后，员工就不努力了。

其实，靠体力工作的人，可以采取这样的激励方式，但对于那些需要其发挥创造力的员工，这么做是不对的。

很多工厂的工人拿的是计件工资，比如干一件可以得到两角钱的提成，这是没问题的。因为这类工作不需要太高的认知水平，工人不是靠认知去工作，而是靠体力去工作。不靠认知的工作岗位，用计件工资的方式就很容易出成果。

但是你说，你怎么给他们激励，能让他们写出一部《哈利·波特》？写出来给 20% 的提成能让他们写出来吗？根本不可能。

最有创造力的工作，一定来自热爱，来自人们内在的自驱力和创造力。

所以，凡是从事与高认知水平有关的工作的人，就不能用 KPI 的方法来进行激励，而应该让他们有更明确的愿景。

在这方面，我们公司走过一些弯路，之前我也总是想通过奖金来激励员工，后来发现这种方式特别不公平，所以现在，我们公司正在逐步取消奖金制度。

很多人会觉得，既然公司的业务是卖卡，那么销售人员每卖掉一张卡，你就给他 10% 的提成，这不是很正常的操作吗？但是实际上这个操作非常糟糕，它会使组织内部变得矛盾重重。

因为有了 KPI 和奖金制度，员工就有了私心。他们会觉得："我的 KPI 又不是这个，我为什么要配合你呢？就算是举手之劳，我能帮到你，但是这跟我的 KPI 没关系，那是你的事。"这就使组织内部的协作变得非常困难。

同时，KPI 和奖金制度会明显压抑员工的创造力。

原本一个员工发挥自己的创造力，能创造 10 倍的增长，但是 KPI 设定是 20% 的增长，他就被 KPI 限制住了。只盯着 KPI，员工的目光就会变得非常短浅，无论做什么事情他都会去考虑："这件事能不能让我完成 KPI？万一完不成怎么办？那还是别做了吧。"这样一来，员工做事情就会束手束脚，被 KPI 限制住。

所以，我们宁愿给员工较高的固定工资，也不愿意给他们高奖金。给员工一份较高的固定工资，可以让他们忘掉钱的存在，一心投入工作，而不是整天想着怎么多完成一点点业绩、多赚一点点钱。一个优秀的员工，应该考虑的是更大的事。

没有了后顾之忧，员工才能够发挥出最大的创造力。

而且，你给了员工一份较高的固定工资，反而能激发他们的善意。

你要相信人性的善，人不是靠激励做事的，人自身就有成长的动力。一个人觉得安全了，不用为钱发愁了，他更有可能会去做一些真正有价值的事情。

德鲁克说，管理就是最大限度地激发他人的善意。我们要把员工内心的善意激发出来，而不是把他的恶意激发出来。

举个例子。如果一个人在别的公司每个月拿 3 万元的固定工资和浮动提成，而我给他每个月 5 万元的固定工资，他会选什么？

他肯定会选我。

如果他每个月拿 3 万元的固定工资和浮动提成，他每天都会想着怎么才能得到更多的钱，并且会不断地去寻求得到更多钱的方法，而忘记更远大的目标。这反而会激发出他的恶意，激发出他内心的贪婪、恐惧和自私。

而我给他每个月 5 万元的固定工资，就给了他安全感，让他不用考虑那么多。比如今天怎么完成 10% 拿到 500 元，明天怎么完成 20% 拿到 1000 元，这些事情他都不需要再考虑了。这时，激发出的是他的责任感、成长和荣誉感。

这个时候，他才会全身心地投入到创造价值上。他不会想这个业务究竟是谁的，他只知道这个业务是公司的，他考虑的是怎么做才能把这件事做得更漂亮。

脑子里天天想着钱的人，是干不出漂亮事的。

小提示

如果说这个世界上的管理有儒家和法家之分，儒家用道德（文化）管理公司，法家用规则（KPI）管理公司，那么，这三家公司就是典型的儒家式管理公司。

它们没有法家的 KPI，没有奖金制度，更没有常规意义上的考核。

它们依靠文化，依靠选拔最优秀的人，依靠给员工充分的自由和充足的安全感，来激发员工最大的创造力。

它们不管理员工，它们只是提供平台，让员工自我驱动。

当然，这些公司这样管理有其特殊性。它们招到的，都是自驱力极强的顶尖人才。但也许正是因为采用了这样的管理方式，它们才能招到这些顶尖人才。

这就是儒家式管理。

你是选择儒家式管理，还是选择法家式管理呢？

让优秀员工成为事业合伙人

我在《警惕！你的 HR 正在劝说优秀员工辞职》这篇文章中指出了一个一直存在的职场潜规则：对优秀人才来说，跳槽比升职成长快。尤其是在大变革时代，外部龙卷风式的变化更加凸显了企业内部一潭死水，这个"潜规则"渐渐变成了"显规则"。

在《员工忠诚度，是企业戒不掉的"摇头丸"》这篇文章中，我又斗胆说道：员工忠诚度，不是企业对员工的要求，而是员工对企业和企业家的打分，是领导力的量化指标。尤其是在大变革时代，要求员工对企业忠诚，而企业对员工却"不忠诚"，是让企业自嗨的"摇头丸"。

很多朋友给我留言，说："讲得太好了，我们也是这样，可是，怎么办？"

怎么办？所有的答案，都在员工与企业的关系里。

员工与企业是雇佣关系，但雇佣关系的本质，是某种形式的合伙关系，是一种共同体。这种合伙关系有三种形态：利益共同体、事业共同体和命运共同体。

利益共同体与事业共同体

什么是利益共同体？员工是来赚钱的，通过帮公司赚钱来获得自己应得的利益。当公司赚到了钱，并且分配机制又合理时，则皆大欢喜，双方是利益共同体。但是，如果员工努力了，公司却不赚钱，那么说明员工和公司不是最合适的利益共同体，公司可以另请高明，员工也可以去真正能把自己的价值兑换成货币的地方。

这样的合伙关系就叫作利益共同体。利益共同体，是一切合伙的基础。

但是，优秀的员工通常并不甘于此。他们明白，在短期利益和长期利益之间，必须进行取舍；在风险大小和收益多少之间，必须达到平衡。他们不想劳动一天就赚一天的钱，而是希望选一个领域甚至一家公司深扎下去，宁愿牺牲掉本来应得的、几乎无风险的短期收益，也要获取可能有风险的但是更大的长期收益。

这项投资，就叫作事业。这种合伙关系，叫作事业共同体。这个可能的长期收益，也许不只是金钱，还包括名誉、人脉、持续收益和持续劳动的最终兑现。

那么，问题来了。你希望你的企业是一个利益共同体，还是一个事业共同体？你的员工呢，他们期待在一个利益共同体里工作，还是在一个事业共同体里工作？

也许很多企业家会立刻回答："我的企业是事业共同体！"

利益共同体和事业共同体的最大差别，是对"愿望""风险""利益"这三者的排序不同。

如果一个员工发自内心地向往你所描绘的愿景，并且由衷地坚信只要你们一起努力，就可以让这个愿景实现，同时自己也可以因为这个愿景的实现而获得巨大的利益（金钱、名誉等），他就可能拥有巨大的"愿望"，成为"风险"偏好者，愿意牺牲自己的短期"利益"，和你形成事业共同体，以求获得"事业"的成功（更大的长期收益）。

但是如果他不相信（是的，他不会告诉你他不相信，而且，他会想方设法地让你觉得他甚至比你更相信），他就会在行为上优先选择短期"利益"，规避中长期的个人"风险"，但是告诉你他在"愿望"上对你的梦想深信不疑，同时默默地计算获取外部一切职位的机会成本。

利益共同体或事业共同体，是短期与长期、风险与收益之间的一个选择。这个选择，基于对公司未来以及公司未来与个人收益之间的关系的信仰。

员工与企业之间的相互期待

跳槽、淘汰、忠诚度等问题，几乎无不出自员工和企业对利益共同体和事业共同体的认知分歧，出自一种"错配"。

在图 5-5 中，我们把员工与企业之间的相互期待分成四个象限。

在第一象限（创业困境）里，企业有伟大的愿景，希望改变世界。但很不幸的是，这时候，某些企业招来很多能力

也许很强，但并不真的相信诗和远方，也不愿意为这个远方
承担风险的员工。

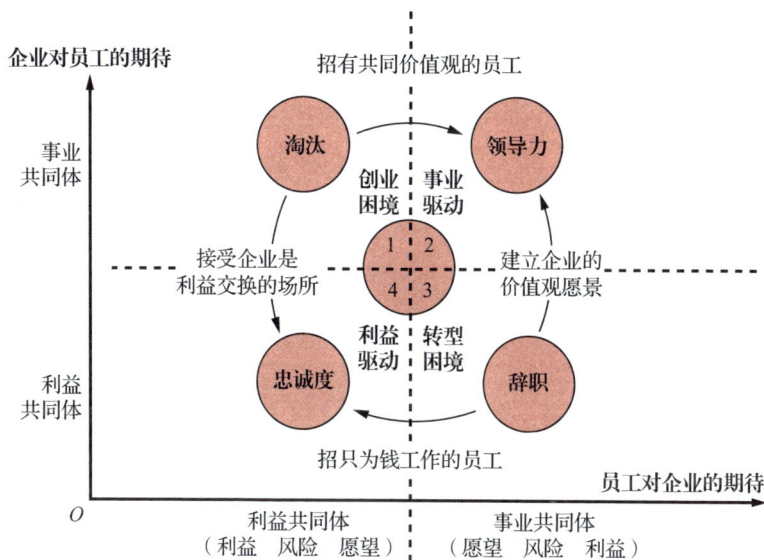

图 5-5　员工与企业之间的相互期待

这些员工，甚至职业经理人，都希望靠自己的能力实现
"短期兑现"，和企业保持利益共同体的关系。于是，痛苦就
产生了。

因为这种不匹配而产生的痛苦，通常出现在创业公司
里。很多创业公司的创始人满怀抱负，但是不懂战略，也不
懂管理，就知道从大公司挖来身价很高的职业经理人，给他
们更高的薪酬。

这时候，这些员工、职业经理人的目光会一直盯着老

板，因为他们自己心中没有远方。最终，他们大多被淘汰。我们把这个象限，叫作"创业困境"（有梦想，没人才）。

在第三象限（转型困境）里，很多员工，尤其是优秀的员工，期待创造或者参与伟大的事业。但是，很多已经成功了的传统企业家的目标是在原来的赛道上继续赚钱。他们的想法是：我赚到了钱给你分一些，没赚到，我可以不怨你，但是你也别怨我。

如果这家企业是时代的宠儿，那么一切都挺好的，但是，一旦时代环境突然发生改变，这家企业的愿景、战略、组织就都跟不上变化了。在变革时代，这个象限是最纠结的——既得利益还没有完全消失，但是优秀的员工已经不看好公司的未来。

这时候，企业家会试图用"忠诚度"和"企业文化"来留住优秀员工。但是越优秀的员工越不买账，他们追求的是"事业"的成功（更大的长期收益），因此，大量优秀员工会选择辞职。我们把这个象限叫作"转型困境"（有人才，没梦想）。

时代的接生婆

第一象限和第三象限，是大变革时代孕育伟大企业必须经历的阵痛。这个"替时代生孩子"的过程是极其痛苦的。

第三象限的企业，能（且必须能）找到自己新的愿景，并且让优秀员工发自内心地相信。这是非常重要的。很多转型企业的问题是，描绘了一个自己都不相信的未来，自欺欺人。能把"时代的孩子"接生下来的，只有真正的"领导力"。具有这种领导力的领导者，才能描绘出一个令人激动、值得相信的未来，并为企业指明道路。

只有真的找到了这个"未来"，优秀的人才会为这家企业把自己的优先级排序重新调整为"愿望、风险、利益"，并且和企业一起，进入第二象限（事业驱动）。

否则，无论企业用"忠诚度""企业文化"还是"感情"来挽留他们，都是留不住的。企业能留下的，大多是按照"利益、风险、愿望"排序的员工。而那些优秀的员工，会纷纷进入有领导力的创业者带领的处于第一象限的企业，并和企业一起进入第二象限。

领导力，是时代的接生婆。

举个例子。我曾经拜访过美少女天团"SNH48"的创始人王子杰，这个天团当时招募了160多名美少女成员。在2016年前后该天团迅速蹿红，获得了巨大的成功。我对他们的组织形态很感兴趣。

我问王子杰："你是怎么从第三象限（传统的明星经纪公司）走到第二象限（明星创业平台）的？"

他说："我给每一个努力奋斗的美少女提供更大的平台。SNH48每周都有剧场演出，她们可以接各种通告，出唱片、演电影。"

王子杰把一场表演里哪个女孩子站在舞台中间（获得更多的曝光机会），以及谁可以出唱片、谁可以出演电影等，都交给粉丝投票决定。越努力的女孩子，越能得到粉丝的喜欢，就会有越大的机遇，获得越大的成就。

SNH48 是一个组合，更是一个个人创业平台。于是，她们无比努力，争取粉丝的拥护。

SNH48 和每一个美少女，成了"事业合伙人"。

再举个例子。有一个辩论节目，叫《奇葩说》，虽然每一场辩论都非常精彩，但是一定会从两支参赛队伍中淘汰一名选手。淘汰谁是由现场观众而不是节目组决定的。淘汰后，将有一名候补选手替上。因此，每一个选手都非常努力，《奇葩说》就变成了辩手的一个创业平台。

辩论越努力，观点越精彩，观众越认可，辩手留在台上曝光的机会就会越多，获得的影响力也会越大。就这样，《奇葩说》和辩手成了"事业合伙人"。

第二象限的企业，就是张瑞敏所说的"没有成功的企业，只有时代的企业"中的"时代的企业"。员工和企业都愿意为了时代的机遇，为了可能的巨大的中长期收益，而放弃部分短期收益，共同承担风险，共同奋斗。

很多企业家都希望把自己的企业带入第二象限，那么如何判断你是真的在第二象限，还是自以为在第二象限呢？

为此，我们提供了一个简单的判断标准。对于你的员工，你只需要问一个问题："我打算给你降薪 50%，任命你去负责一件事情，如果你做成了，就可以获得 500% 的收益，你愿意吗？"对于你自己，你只需要回答员工提出的这个问题："老板，我打算自己降薪 50%，申请负责那件事情，但是如果我做成了，要给我 500% 的收益，可以吗？"

如果你们俩一拍即合，那么恭喜你们，你们都在第二象限（事业驱动），是事业合伙人。如果你回答"不行"，那么你们在第三象限（转型困境）；如果他回答"不行"，那么你们在第一象限（创业困境）。

之所以会陷入转型困境和创业困境，是因为你缺乏真正的"领导力"——能描绘出那个令人激动、值得相信的未来，并为企业指明道路。

如果不具备真正的"领导力"（让员工能以"愿望、风险、利益"的顺序思考）呢？企业可能会从此退回到第四象限（利益驱动）。网上一度流传着这样一句话："不要和我谈理想，我的理想就是不工作。"这句话指的就是第四象限的状态——员工以"利益、风险、愿望"为排序方式。

如果你的企业处于这种状态，那就接受这个现实，招只为钱而工作的员工，并且用最合适的短期利益刺激员工，使其与你一起作为"团伙"赚钱，然后接受由此带来的员工高流动率，并采取合理的管理手段，对冲这种高流动率。

有些企业家的纠结在于，明明和员工是利益共同体的关系，却为了降低员工的流动率，而假装企业与员工是事业共同体，说一些员工无法相信甚至企业家自己内心都不相信的话，试图招到一些为梦想工作的人，然后要求他们对企业忠诚。这将导致把自己放在一个非常尴尬的位置上。

处于第四象限的典型企业是家政公司——不要和我谈"城市让生活更美好"，请给我按小时结账。

第二象限（事业驱动）很令人向往，但不一定是所有企业唯一正确的出路。第四象限（利益驱动）也许恰恰是不少企业的最后归宿。痛苦不在于你希望自己在哪个象限，而在于你是否有不偏不倚的自我认知，明白到底哪一个才最适合你的企业。

命运共同体

那么，如何能使员工与企业的关系从利益共同体、事业共同体发展成为命运共同体呢？

成为利益共同体的基础是，你们有共同的短期利益；成为事业共同体的基础是，你们有长期的共同利益。总之，你们有共同想得到的东西。但是，成为命运共同体的基础是，你们有共同不能失去的东西。

现在我们可以把前面的问题修改一下："我打算给你降薪 50%，你再投入 500 万元现金，去负责一件事情，如果你做成了，你可以获得 5000% 的收益，你愿意吗？"

如果这样他也愿意，说明他是多么看好这个企业的未来啊，甚至愿意赌上自己的全部身家。这时候，你们就有了共同不能失去的东西，你们就成了真正的命运共同体。

小提示

如果给员工涨薪 50%，他愿意去做一件事，那么你们是利益共同体。如果给员工降薪 50%，做成后他可以获得 500% 的收益，他愿意接受，那么你们是事业共同体。如果给员工降薪 50%，另外让他再投入 500 万元，做成后他可以获得 5000% 的收益，他愿意接受，那么你们是命运共同体。

员工与企业，谁也不需要对谁忠诚。大家真正需要忠诚的，是那个共同的梦想，共同的诗和远方。

你希望你的员工深情凝视你，还是你们共同的远方？

勤劳能创造财富，但勤劳者能分到财富吗

我们经常说，勤劳致富。但是，你有没有想过，勤劳真的能致富吗？

不一定。

勤劳能够创造财富，但是勤劳者却未必能够分到财富。

为什么？

要回答这个问题，我们首先要理解财富的本质。

财富的本质

财富到底从哪里来？很多人说，财富从劳动中来。没错，劳动可以创造财富。只有通过劳动才能把产品创造出来，换取财富。

假如你每天劳动 8 小时，一年种出 200 斤大米，那么你的财富就是 200 斤大米可以换来的东西。

如果你勤奋一点，每天劳动 12 小时，一年种出 300 斤大米，你的财富就是 300 斤大米可以换来的东西。

这时候，财富 = 劳动。

那么，是不是财富就完全等于劳动呢？

不一定。

财富与劳动有很大的相关性，但并不完全等于劳动。

比如，你买了自动播种机，买了自动喷洒农药机，买了

自动收割机，这些机器使得你的生产率大大提高，让你每天只需要劳动 2 小时就能种出 500 斤大米。那么你的财富就是 500 斤大米可以换来的东西。

你的劳动虽然变少了，但是财富却增加了。

这时候，财富 = 劳动 × 生产率。

生产率取决于很多因素，比如知识、科技、工具、机器、流程、方法等，这些东西共同决定了你创造财富的生产率。

那么，是不是财富就完全等于劳动 × 生产率呢？

不一定。

你在中国生产大米，大米卖得很好，是因为几乎每家每户都要吃大米。但如果你在美国生产大米，大米卖得可能就不如在中国好，因为美国人并不是每家每户都吃大米。大米在美国的价值，就比在中国要小一点。所以，生产同样多的大米，你在美国获得的财富要比在中国少一点。

同样的商品，因为不同客户群体对它的需求不同，它所产生的效用就不同。

所以，除了劳动和生产率，财富还取决于效用，即

$$财富 = 劳动 × 生产率 × 效用$$

这就是财富的本质。

如果把三个因素与这个时代的基本资源对应起来，那么劳动就代表人口资源，生产率就代表科技资源，效用就代表

商业价值。

理解了这个逻辑，你也就理解了：我们国家前期经济飞涨，得益于我们拥有人口优势；美国能够稳坐国际老大的交椅，得益于他们科技发达。

而对个人来说，劳动代表着你能投入的时间，生产率代表着你的杠杆，比如知识、工具、团队、资金等，效用代表着你的劳动能创造的单位价值。这三个因素，共同决定了你能创造的财富。

劳动创造财富的两个问题

虽然劳动、生产率和效用这三个因素共同决定了所创造财富的多少。但是财富最基本的来源还是劳动。劳动是"1"，生产率和效用是"1"后面的很多个"0"。没有劳动，就没有财富。所以，我们说劳动创造了财富。

但是，用劳动来创造财富，有两个非常大的问题。

第一个问题：劳动创造财富，天花板很明显。

在早期，每增加一个单位的劳动时间，所创造财富的总量上升得非常快。但是慢慢地，创造财富的增速开始放缓。再往后，就算增加再多劳动时间，所创造的财富总量也几乎不增长了。这就到达了一个天花板。

以我自己为例。我无论怎么努力，也不可能一年讲367天的课，这是我自己劳动创造财富的天花板。

再以公司为例。任何一件事，一开始让 2 个人去做，能做 3 个人的事；让 10 个人去做，能做 10 个人的事。但是，如果让 100 个人去做，可能只能做 50 个人的事。公司投入人力的边际效益是递减的（见图 5-6）。

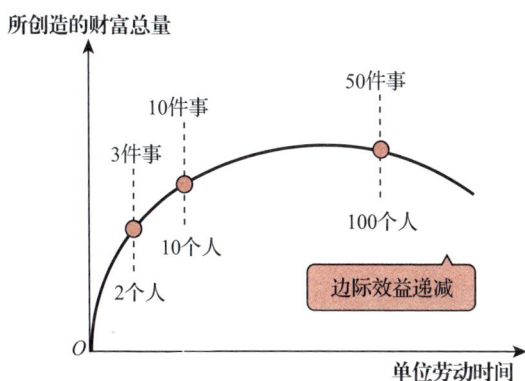

图 5-6　劳动创造财富的天花板（边际效益递减）

比如有一块农田，让一个农民来种，他辛辛苦苦劳作了一年，发现自己并不能充分利用这块农田，他所创造的财富会受到自己体力的限制。如果让 10 个农民来种，你会发现，他们所创造的财富几乎增长了 10 倍。那让 100 个农民来种呢？会有 100 倍的增长吗？不会。你会发现他们所创造的财富可能只有 50 倍的增长，因为劳动力已经达到饱和。这时候，即使投入再多的人力，也不可能创造更多的财富。这就是劳动创造财富的天花板。

劳动创造财富的第二个问题：劳动能够创造财富，但是劳动本身并不分配财富。

创造财富就等于赚钱吗？并不是。创造财富不叫赚钱，分配财富才叫赚钱。

为什么很多人一年工作 365 天，勤勉地创造财富，最终却没有获得很多财富？就是因为他并不拥有财富的分配权。

举个例子。假如生产一件商品需要七个步骤，每一个步骤都分别由一个人来完成（我们用数字 1 ~ 7 来代表完成每个步骤的人）。最终，这个商品卖了 70 元。

那么，问题来了：7 个人创造了 70 元的财富，这 70 元应该怎么分？

按每个人创造的价值来分吗？可是，每个人到底创造了多少价值，是很难衡量的。

那就按照最简单的办法：平均分配。7 个人，每人分 10 元（见图 5-7）。

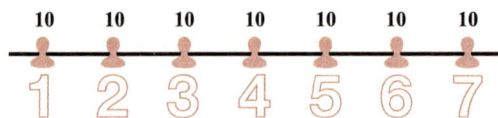

图 5-7　7 个人平均分配

这时候，有人不答应了。2（完成第 2 个步骤的人）跳出来说："我的工艺非常复杂，我每天干 18 小时，特别辛苦，应该分给我 15 元！"

应不应该给他分 15 元呢？这就要看其他 6 个人答不答应了。

其他 6 个人一合计："不行，给他分 15 元，我们分到的钱就少了！凭什么？我们也很辛苦啊！"那怎么办呢？有没有其他人能干 2 干的这件事？于是，这 6 个人跑到市场上吼了一嗓子："10 元！有谁能做这件事？"这时，有个叫 2.1 的人马上跳出来说："我愿意干！我愿意干！"

于是，原来的 2 出局了，每人还是分到了 10 元（见图 5-8）。

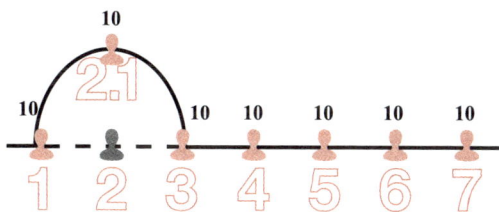

图 5-8　平均分配

这时候，2 着急了："还是我来吧，还是我来吧！我不要 15 元了，也不要 10 元了，只要 8 元！"其他 6 个人说："行啊，那你回来吧。"

2 回来之后，分 8 元，而其他 6 个人，每人分 10.33 元。

所以你看，2 这个人，虽然很勤劳、很辛苦，具备创造财富的能力，但是，他却不具备分配财富的能力。

那谁才具备分配财富的能力？

要看整个链条上，谁是真正不可替代的。

假如 7 个人中只有 4 不可替代。这时候，4 跳出来说："10 元太少了，我要 20 元！"其他 6 个人很生气："2 要 15 元我们都没同意，凭什么给你 20 元？！我们找个人把你替换掉！"

于是，其他 6 个人跑到市场上吼了一嗓子："10 元！有谁能做这件事？"

没人理。

这 6 个人有点蒙，他们咬咬牙，又吼了一嗓子："15 元！有谁能做这件事？"

还是没人理。

这 6 个人惊呆了，内心在滴血，心一横，又吼了一嗓子："20 元！有谁能做这件事？"

任凭他们吼破了嗓子，依然没人理。

最后，他们悻悻而归，只能答应 4 的条件，他们想：算了，就给他 20 元吧。给他 20 元，我们 6 个人每人还能分到 8.33 元，总比没有强。

4 分到了 20 元，很高兴，心想：原来还能这么干啊！那我再多要点，要 40 元行不行？

其他 6 个人马上昏了过去："给他 40 元，我们每人只能分到 5 元了。可是，市场上又找不到可以替代他的人。算了，5 元就 5 元吧，反正在其他地方干活也是 5 元。"

这 6 个人虽然咬牙切齿，但最终还是接受了（见图 5-9）。

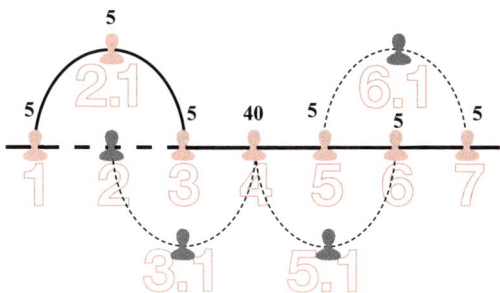

图 5-9　4 分得 40 元

4 尝到了甜头，马上再次要价："那我要 50 元行不行？"

其他 6 个人一听，马上跳起来拍桌子：散伙！

为什么？

给 4 分 50 元，其他 6 个人每人就只能分到 3.33 元，那他们还不如去别的地方干活呢，还能拿到 5 元。

所以你看，在这个链条中，4 拥有着 10 ～ 40 元的财富分配权。在 10 元到 40 元之间，4 要多少都行。

而其他人没有分配财富的权力，只能被动接受。

有与没有财富分配权，是完全不一样的。你没有财富分配权，你想分 20 元，就是贪心。而 4 拥有财富分配权，他想分 20 元，就是"舍满取半"。

但是，4 拥有分配财富的权力，就一定意味着他创造的财富更多吗？

不一定。

这只意味着，4 更稀缺。

就像我们很难衡量体力劳动者和脑力劳动者谁创造的财富更多一样，我们只能说，脑力劳动者拥有的分配财富的权力更大，因为他们更稀缺。

所以，勤劳未必能致富。致富的本质，并不是创造财富，而是分配财富。创造财富靠能力，而分配财富靠稀缺。

掌握稀缺资源，就拥有财富分配权

你想拥有更多的财富，就要使自己在整个交易链条上变得更加稀缺。

举个例子。同样一碗面，在家门口的连锁餐厅卖 20 元，在机场的连锁餐厅却卖 99 元。

凭什么同样一碗面在机场的连锁餐厅卖得这么贵？你很生气，跑去质问机场的连锁餐厅："你们凭什么收我这么多钱，你们也太黑心了吧！"

餐厅马上解释说："不是不是，我收这么多钱，是因为房租太贵，其实我并没有赚很多钱。"

大多数钱，其实都被机场的店铺出租商赚走了。

机场的店铺出租商为什么能收这么贵的租金？因为他掌握着稀缺资源，所以拥有分配财富的权利。

什么是稀缺资源？

大一点的机场，每天的人流量能达到几十万人次，而且选择坐飞机的人群相对高端，所以，机场可以规模化地触达高端人群。这个资源实在是太稀缺了，所以品牌商愿意为此付出很多钱。很多大牌，比如爱马仕、LV、卡地亚等，都愿意付出高昂的租金在机场开店。如果有人嫌租金太贵，没关系，后面还排着一大堆品牌商在急切地等着入场呢。

谁掌握稀缺资源，谁就拥有财富分配权（见图 5-10）。

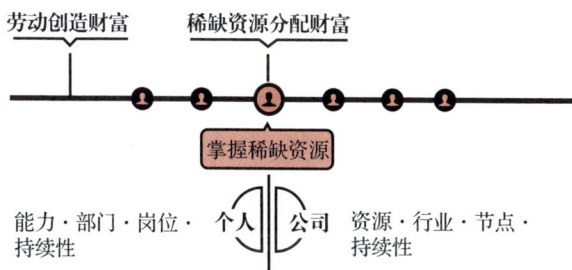

图 5-10　稀缺资源决定财富分配

所以，一碗面在机场的连锁餐厅卖 99 元，这个价格是由谁决定的？不是由你决定的，也不是由餐厅决定的，而是由机场的店铺出租商决定的，因为他拥有财富分配权。

小提示　劳动可以创造财富，创造财富很重要，但是财富应该怎么分配、谁应该比谁更有钱，这些并不是由创造财富的人决定的，而是由掌握稀缺资源的人决定的。

谁掌握稀缺资源，谁就拥有财富分配权。

所以，如果你想拥有更多的财富，就应该想尽一切办法，提升自己的稀缺性。

比如，对个人来说，要思考的问题应该是：

——我是否拥有非常稀缺的能力？

——我是否在公司最稀缺的部门？

——我是否在部门最稀缺的岗位？

——我是否拥有最稀缺的资源？

——我现在具有的稀缺性，未来还能继续保持吗？

为什么有些员工年轻的时候能赚很多钱，35 岁以后却容易被裁员？因为 35 岁以后这些员工的体力和学习能力都没有年轻人强，要价还比年轻人高，他们已经变得不稀缺了，慢慢地，就容易被淘汰。所以，为了避免被淘汰，你要提前去思考怎么提升自己未来的稀缺性。

而对公司来说，要思考的问题应该是：

——我是否拥有非常稀缺的能力？

——我是否拥有最稀缺的资源？

——我是否处于最稀缺的行业？

——我是否在行业中处于最稀缺的节点？

——我现在具有的稀缺性，未来还能继续保持吗？

只有不断让自己变得稀缺，你才能拥有财富分配权，从而获得更多财富。

一切的分钱方式，无外乎优先和劣后

有同学在和别人合伙做项目的时候问我："若赚钱了，应该怎么分钱？"

我说："一切的分钱方式，无外乎优先和劣后；一切的分配方式，都是固定、剩余、分成的万千组合。"

什么意思？

现在，我就把关于优先和劣后的分钱方式分享给你，希望对你有所启发。

员工优先，老板劣后

说到分钱，我们先从老板和员工如何分钱说起。

员工应该拿哪部分利益？优先利。

为什么？

员工做好了工作，完成了目标，就应该得到利益，不论公司是盈利还是亏损。所以，优先利是固定的。

那老板呢？老板应该拿劣后利，也就是拿走优先利后剩余的利润。劣后利是剩余的利润，也许很多，也许很少，甚至为负（发生亏损），但这都是老板的事情，与员工无关。所以，劣后利是剩余的。

那么，你想激励员工，应该用优先利还是劣后利？用固定还是剩余？

我建议你用劣后利，也就是用分成的方式对员工进行激励。这样，通过不断地分成，优秀员工就可能成为企业的合伙人，和企业共同成长，共同进步。如表 5-2 所示。

表 5-2　老板和员工如何分钱

工作关系	分配前提	分配原则	分钱配置
普通员工	完成工作目标	优先利	固定
老板	企业有盈利	劣后利	剩余
优秀员工	企业合伙人	劣后利	固定 + 分成

如何在一个不确定的项目中"优先劣后"

前面说了老板和员工应该如何分钱，谁优先，谁劣后，谁拿固定，谁拿剩余，那么，如果我们做一个不确定的项目呢？谁优先，谁劣后？

我们不妨虚构一个合作案例来说明谁优先，谁劣后。

假设你就像前文提到的同学一样，和你的合作伙伴一起做一个项目，你出资本，她来具体运营，这时，你们应该怎么分钱？

一个项目可以分为四个阶段，每个阶段分钱的方式都是不一样的，我们要分别来讨论。

首先，我们要知道，项目的四个阶段分别是：辛苦赚钱阶段、资本收益阶段、均衡阶段和超出预期阶段。

其实还可能有第五个阶段，那就是亏钱阶段，但这种情况就没必要讨论如何分钱了，你亏了资本，她亏了时间和精力（机会成本）。

接下来，我们一个阶段一个阶段地进行说明。

在第一个阶段，假设你们这个项目赚的钱不超过 5 万元（5 万元只是一个假设的数字，仅作参考），这时，谁优先，谁劣后？

我建议，人力优先，资本劣后。也就是她优先，你劣后，她拿 100%，你拿 0。

你会说："凭什么？明明我投了钱啊。"对的。不过，钱是这个世界上最便宜的东西。虽然你投了钱，但她投入了她所有的时间和精力来运营、操作这个项目。如果她不把时间和精力投入到你们合作的这个项目上，而去做其他事可能也能拿这么多。所以在一开始的辛苦赚钱阶段，你最好一分钱都不要拿，把钱都给她。

到了第二个阶段，这个项目赚的钱已经超过 5 万元，达到 25 万元了，也就是到了资本收益阶段，谁优先，谁劣后？换言之，赚到的 5 万～ 25 万元这部分钱该怎么分？

这时，应该资本优先，人力劣后。

为什么？

因为前面 0 ～ 5 万元那部分已经全部给她，把她投入的时间和精力成本覆盖了。这时，5万～25万元这部分收益的分配就应该以你为主，即以资本为主，所以应该资本优先，人力劣后。

5万～25万元这部分，你可以拿80%，她拿20%。

到了这个阶段，你们应该都很满意，只不过谁优先、谁劣后而已。

那接下来，项目发展不错，赚到了100万元，也就是到了第三个阶段——均衡阶段，怎么分？25万～100万元这部分，谁优先，谁劣后呢？

这时候，你可以拿60%，她拿40%。

因为在第二阶段赚到25万元，你们就已经非常满意了。但是你们合伙做这个项目，当时有个预期，觉得如果做得好，大概能赚到100万元。现在真的实现了，那么25万～100万元这部分就应该按照基本均衡的方式分配。所以，你拿60%，她拿40%。

再然后，你们的项目赚到了100万元，超出了原来的预期，也就是到了第四个阶段——超出预期阶段，那这超出100万元的部分怎么分？谁优先，谁劣后？

这时，你可以拿80%，她拿20%。毕竟，这种远远超出预期的回报，和努力的关系就不大了，主要靠的是资本。如表5-3所示。

表 5-3　不确定的项目合作伙伴如何分钱

发展阶段	项目收益（元）	分配原则	可分配（元）	出资方：运营方
辛苦赚钱阶段	R ≤ 5 万	人力优先，资本劣后	R	0 : 100%
资本收益阶段	5 万 <R ≤ 25 万	资本优先，人力劣后	R−5 万	80% : 20%
均衡阶段	25 万 <R ≤ 100 万	人力、资本均衡分配	R−25 万	60% : 40%
超出预期阶段	R > 100 万	资本优先，人力劣后	R−100 万	80% : 20%

所以，在一个不确定的项目中，谁优先，谁劣后？

在第一个阶段（辛苦赚钱阶段）：人力优先，资本劣后。

在第二个阶段（资本收益阶段）：资本优先，人力劣后。

在第三个阶段（均衡阶段）：人力、资本均衡分配。

在第四个阶段（超出预期阶段）：资本优先，人力劣后。

合作中，存在竞争优劣势时如何分钱

上面所说的合作是一个人出钱、一个人出力，相对来说，双方是平等的，或者说都具有比较大的竞争优势，所以两个人拿的是分成，只是分成比例不同。

但是在现实世界中，很多合作的参与者是存在优劣势的，掌握稀缺资源的一方，是优势的一方。这时，怎么分钱呢？谁拿固定，谁拿剩余，谁拿分成？

举个例子。现在直播带货很火，你也投身其中，做得还不错，有了不少粉丝，每次直播都能卖出很多商品。为了干好这件事，你找到一个合作伙伴，让他帮你把卖出去的商品打包发货。那么，你们两个人谁拿固定，谁拿剩余？

通常来说，是你拿剩余，他拿固定。毕竟，打包发货这件事没有什么核心竞争力，所以，你要和他谈好，每个月固定给他多少钱，剩下的利润都是你的。

这是很普遍的情况，公司里的其他岗位也是同样的道理，岗位越有核心竞争力，这个岗位上的人就更应该拿劣后。

所以，合作中谁拿固定，谁拿剩余，谁拿分成？

当合作双方都有竞争优势的时候，我们采用分成的分配方式。当一方竞争优势大、一方竞争优势小的时候，竞争优势大的一方拿剩余，竞争优势小的一方拿固定。以上是最基本的配置。

但现实世界中，情况要比这复杂得多。比如，我们增加一个交易成本变量——你在杭州直播卖货，他在广州帮你打包发货。这时，你们的交易成本就变得很高，你又不能每天盯着他打包，看他上不上心，那怎么办？

这时，你就要用分成的方式，给他增加一点点劣后。也就是除了给他固定收入外，还要给他一点点分成。

这时，上面基本配置的两种情况就变成了四种情况（见表5-4）。

表 5-4 存在竞争优劣势时合作伙伴如何分钱

合作伙伴	交易成本	分配原则	分钱配置
优势方	低	劣后利	剩余
劣势方	低	优先利	固定
优势方	高	劣后利	低固定 + 高分成
劣势方	高	优先利	高固定 + 低分成

其中，在交易成本高的情况下，竞争优势大的一方应该拿低固定 + 高分成，而竞争优势小的一方则拿高固定 + 低分成。

这是不是特别像很多岗位工资的配置？是的。因为管理成本也是很高的成本。

以上就是合作中双方存在竞争优劣势时的四种分钱方式。

企业之间要通过分成，创造全局性增量

我们讲了员工和老板之间、合作伙伴之间如何分钱，谁拿固定，谁拿剩余，谁拿分成，那么，企业与企业之间如何分呢？如表 5-5 所示。

表 5-5 合作企业如何分钱

企业类型	合作方式	分钱配置
品牌商	品牌授权	固定授权费用
生产商	品牌授权	剩余销售利润
品牌商	衍生品授权	低固定授权费用 + 分成
生产商	衍生品授权	高销售利润分成

我曾经在《有趣的赚钱模式万里挑一：做表情包是怎么赚钱的？》这篇文章中提到，萌力星球用它手上的 IP（萌二、

乖巧宝宝、发射小人）与合作伙伴合作。

萌力星球给合作伙伴们授权时，采用了两种方式：一种方式是品牌授权，每年收取固定的授权费用；另一种方式是衍生品授权，收取不高的固定授权费用 + 提成。

那么，这两种方式有什么区别呢？

第一种方式，萌力星球拿的是固定，它的合作伙伴拿的是剩余，而第二种方式，萌力星球拿的是低固定 + 分成。

这两种方式，哪种利润更高？

对萌力星球来说，第二种方式更赚钱。

为什么？

因为，萌力星球有信心通过它的 IP 授权，让合作伙伴卖出更多的商品。而合作伙伴也愿意用这种方式，因为，虽然他们需要给萌力星球一部分提成，但是毕竟他们自己拿的还是大头，卖得越多，他们也就赚得越多。

你看，本来是一个拿固定、一个拿剩余的合作模式，改变了利润分配模式，增加了分成这个方式，就创造性地增加了全局性增量，达到了双赢的效果。

一切的商业模式，都必须有全局性增量。如果没有全局性增量，那么所谓的商业模式就是把你口袋里的钱换到我的口袋里。

萌力星球创造了什么全局性增量？提高了转化率。

任何一个用户购买一件商品或者信任一个品牌，都会经历一个从了解到信任的过程。这种 IP 授权的方式，允许把用户平常聊天时经常用的一些表情用到一些产品上，这种由表情带来的强烈的熟悉感会天然地增加用户的信任。这种信任，能大大地提高转化率。

如果这种转化率提高了 30%，那么提高的这部分，商家很乐意拿出 7% 或 10% 来付给萌力星球。

而因为有分成收入，萌力星球也会投入更大的精力去优化设计，想方设法让品牌商的商品卖得更好。

这样，不但品牌商赚得多了，萌力星球也因此赚得多了。

这就是萌力星球通过分成方式创造出来的全局性增量。

所以，企业之间的合作，可以通过分成的方式创造出全局性增量，促成双赢。

小提示

一切的分钱方式，无外乎优先和劣后。一切的分配方式，都是固定、剩余、分成的万千组合。

老板和员工怎么分钱？员工优先，老板拿劣后。员工旱涝保收；老板拿剩余，有可能爆赚，也有可能巨亏。

你和合作伙伴如何分钱？如果你出钱，对方出力，你们竞争优势都很大，那么分为四个阶段：

一是辛苦赚钱阶段，人力优先，资本劣后；

二是资本收益阶段，资本优先，人力劣后；

三是均衡阶段，人力、资本均衡分配；

四是超出预期阶段，资本优先，人力劣后。

如果你和合作伙伴竞争优势有大小，怎么分钱？竞争优势小的拿固定，竞争优势大的拿剩余。

如果你和合作伙伴竞争优势有大小，交易成本还很高，怎么分钱？竞争优势小的拿高固定＋低分成，竞争优势大的拿低固定＋高分成。

最后，企业之间合作如何分钱？我建议你，可以尝试用分成的方式创造出全局性增量，促成双赢。

信用，是一个人最大的资产

信任，是一种能力。被信任，是一种更重要的能力。

越是能被信任的人，促成合作的交易成本越低，在商业世界里，越有成功的可能。

相反，一个信用破产的人，在现代社会几乎是真正的破产。不仅仅会被限制坐飞机、坐高铁，更重要的是他会因为失信于人，从此变成一座孤岛，再也没人愿意和他打交道。

在人生的信用账户里，每一次言出必行、每一次真诚待人，都是对未来的储蓄。而那些败光了自己信用的人，永远被列入了"警惕和远离"的黑名单。如图 5-11 所示。

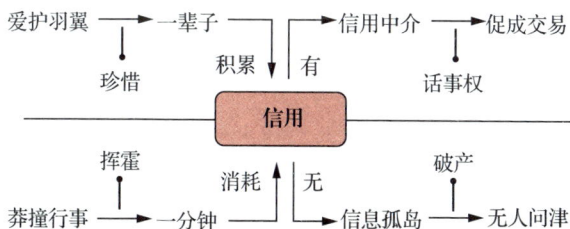

图 5-11　信用是一个人最大的资产

有信用的人，有话事权

有信用的人，有话事权。他说什么，大家都听。

来看一个有趣的故事。

我们想要信任一个陌生人，很不容易。世界上最天然的信任机制，是血浓于水的亲情关系。如果你的亲弟弟家庭突发变故找你借钱，你可能会二话不说就把钱推到他的手里，让他拿去。在你看来，都是兄弟，弟弟的事情就是自己的事情。

可是，如果是弟弟的朋友遭遇不幸，向你借钱，你就可能会再三犹豫。不管弟弟如何担保求情，你的心里难免犯嘀咕：这人到底靠不靠谱？

你非常相信弟弟，弟弟相信他的朋友，但是你却不一定相信弟弟的朋友。这实在是非常有趣的现象：明明两段关系都是互相信任的，可是这信用却无法传递。信用不传递，成为商业史上永恒的难题。

最后，看在弟弟的份上，你还是慷慨地借了钱，但为了保证弟弟的朋友能按时还钱，你们两人签了合同，约定好如果他不按时还钱，你要把他家的牛拉走抵债。

事实证明，弟弟的朋友确实是个好人，勤奋努力，打工挣钱，但偏偏不凑巧的是，他赚的钱不够，到了还钱的时间，他却还不上你的钱。

于是，你们两人在大街上就吵了起来。

他："你再给我两个月的时间行不行，就两个月！就两个月！"

你："不行不行，说好不还钱就把你家牛给我的，白纸黑字，清清楚楚！"

他："不行不行，你拿走我的牛，我拿什么种地还你钱！两个月都不通融通融，你好狠心！"

……

就这样，两个人一路争吵、扭打到了乡绅那里。

每个村子里通常都会有一个德高望重的老人，为村民们处理"真假美猴王"一般的矛盾纠纷。

你们去找的这个老人，就是整个村子里最有信用、最有资历的人，大家都觉得他公正、公平、公开，相信他的调解和决断。

老人发话了："安静安静，到底什么事，都好好说。"

一人雄赳赳，气昂昂地拿出合同，状告欠债人，一定要拉走那头眼睛水灵灵的牛。另一人则在乡绅面前哭诉："您老从小看着我长大，我不是欠债不还的人。这牛我也真不能给，我全家老小就指着这头牛生活。"

听完双方的"证词"，乡绅缓缓抬手，慢慢张口，对你说："孩子，你就当看在我的面子上，再给他两个月时间吧。"又对他说："你，两个月内一定要还钱，顺便再给他捎上两袋鸡蛋，当作利息了。都是乡里乡亲的，不能再吵了。散了散了，都回去吧。"

这个德高望重的乡绅扮演的是担保的角色，成为两个人的信用中介，否则纷争无法调解，交易无法完成。

这个信用中介，在商业世界中是非常重要的角色，大家

326 ◂ 底层逻辑 ▸ THE UNDERLYING LOGIC

都愿意信任，他说的话，大家会听。乡绅文化，就是一种信用文化。

有信用的人，受到尊敬，有话事权。

信用，比黄金值钱，比性命还贵

信用，比黄金值钱，比性命还贵。

再来看一个更有趣的故事。

这一次，你不是中国乡村里借钱给别人的人，而是成了欧洲远近闻名的江湖神偷。你跑到一家著名的美术馆，成功绕开了所有的安保系统，偷出一幅传世名画，这幅画放在拍卖行，大约值 100 万美元，非常昂贵。

那么问题来了：你现在打算怎么交易？

答案当然是要找买家，找那些喜欢收藏名画的有钱人家，卖给他们。

那么问题又来了：你敢去找那些有钱人吗？

不敢。万一他们正义凛然，报警怎么办？被抓去可不好。

同样，买家也不愿意和偷画的人直接交易，他们担心对方骗自己。

要知道《蒙娜丽莎》就曾经被偷过，当时市场上一度有几十个人宣称自己买到了《蒙娜丽莎》，但几乎都是假的。一旦一幅名画被偷，会有很多骗子突然变成小偷，大肆宣扬自己不仅偷出了绝无仅有的真迹，也偷出了不可挽回的岁月，然后高价卖给被他们瞄准的冤大头。这些人上当了还不能报警，毕竟这是违法的勾当，一个愿打，一个愿挨，只能咬咬牙忍气吞声，怪自己怎么那么蠢。

怎么办？

于是，市场上发展出一种新的交易结构：黑市里的"乡绅"，即黑市中间人。这类交易，可以通过黑市中间人进行。

黑市中间人扮演的重要角色同样也是信用中介。他们是最不能被忽视的"结构洞"，因为这个角色占据交易环节中最重要的位置，所有买卖都必须经过他们。他们掌握着最多的信息，看见最多的真实，也拿走最多的利润。

你知道一个神偷偷出价值 100 万美元的画，卖给黑市中间人可以得多少钱吗？

50%？不对。30%？不对。20%？也不对。如果你能猜中这个数字，说明你对产品价值和交易成本有一个自己的判断和比较清晰的理解。按照规矩和行情，黑市中间人大概会以 5% 的价格把这幅画收走。也就是说价值 100 万美元的画，神偷再厉害，也只能拿到 5 万美元。

所以，神偷本质上就是个劳动者，不管他偷的画多么有名，他能得到的钱都很少。他冒着被抓进监狱和被唾弃的风险，只是赚了一点点劳动报酬而已。大部分的钱都被黑市中间人"吃"掉了，这真是名副其实的"中间商赚差价"。

而黑市中间人之所以能赚到钱，是因为大家相信他。这是市场给黑市从业人员信用的标价。由此可见，信用真的很值钱。

不过黑市中间人从来都不好当，信用是他们赚钱最重要的工具，他们必须小心翼翼地维护好自己的名声。他们知道，想在黑市混口饭吃，必须把名声混好。

用信用获得地位和赚钱的机会很简单，但一夜之间丧失信用更简单。

所以说，盗亦有道，在道上混，名声坏了，财路就断了。这是黑市从业人员都知道的道理——信用比黄金值钱，信用比性命还贵。

人的一生，是赢得信任的一生

如果你觉得这些都离你太远了，那我再和你讲一个真实的故事吧。这是一个关于重生和守护信用的故事，一个让我敬佩的人的故事。

一个二线城市的普通人，因为做理财的生意导致资金链断裂了。他欠了客户4000多万元，是的，4000多万元，而且外面的钱几乎都收不回来。在这种情况下，很多人都会选择跑路或者申请破产。

他也绝望过，有时甚至恍惚间听到针尖刺破自己心脏的声音，一根，一根，又一根……他觉得上天就是想要他死。

是啊，欠了4000万元，怎么还？他无数次地想过自己像大鸟一样跃出阳台，坠落在地，一了百了。可是他的家庭、他的名声怎么办？

后来，他听孔子和王阳明，一遍遍地听。他想自己再难能有王阳明在龙场时难吗？再穷能有颜回穷吗？不管别人欠自己的钱能不能收回来，自己欠客户的钱一定要还！

于是，他努力学习，用指数型组织的思想改造了过去传统的农贸市场生意，用物联网追溯每一只鸡鸭鹅的生产和物流过程。现在，他所在城市的鸡鸭鹅基本都是由他供应的。

他已经还掉了3000多万元，欠下的债还剩1000多万元，他有信心把它们也还上。

大家看他这么守信用，也都不再天天逼债了。

说实话，我看过很多人耍小聪明，玩小伎俩，遇到困难总想逃避和躲藏。像他这样勇敢面对、承担责任的，真的为数不多。

什么是信用？怎样获取别人的信任？

不是看你有多少钱，有多大权势，也不是看你的家世背景，这些不是别人对你的信任，而是别人对你的趋炎附势。

从本质上看，我觉得人的一生，是赢得信任的一生，是勇敢地用责任换取信任的一生。

小提示

我一直在想：这个世界上到底有什么东西比生命更重要？可能就是最终留在世界上的你的名声和别人对你的评价吧。我们不求名垂千古，但也不能遗臭万年。

我很看重自己的信用，以至于有人对我说："刘润，你太爱惜自己的羽翼了。"

是的，我特别爱惜自己的羽翼。因为我知道，信用是一个人最大的资产。

有些钱，我不能碰。有些事，我做不得。我只希望在一个信用社会里，凭借我的能力和信用，拿走本该我拿的那一部分。

一个人的信用要靠一生来沉淀，但毁掉它往往只需要一分钟。败光了，就再也没有了。

信用很值钱、很珍贵、很稀缺、很难得，愿你我都能守护好自己的信用。愿你我永远都有洁白的羽翼。

公平、公正与公开

每年高考结束后，都会有很多关于高考的讨论。其中，有一个话题已经被讨论了四五十年，即用一场考试来决定一个人的一生，公不公平？

是啊，到底公不公平？

公平

要讨论"公不公平"这个问题，首先要理解什么是"公平"（Fairness）。公平，我们可以理解成用"同一把"尺子丈量万物。

对所有人都一视同仁——用分数要求你，也用分数要求其他人；用实力淘汰你，也用实力淘汰其他人。这就是公平。

公平的核心，不是用"哪一把"尺子，而是用"同一把"尺子。

那么，什么叫不是"同一把"？

妈妈说："你怎么不把东西分给弟弟吃？"哥哥说："因为弟弟也没有分给我啊。"妈妈说："他不一样，他是弟弟。"

这就是不公平。妈妈用了两把尺子——用"分享"丈量哥哥，用"独享"丈量弟弟。

老板说："张三，你这个月没完成业绩，所以没有奖金。"张三说："那李四也没完成啊。"老板说："他不一样，他很努力。"

这就是不公平。老板用了两把尺子——用"功劳"丈量张三，用"苦劳"丈量李四。

回到高考：高考公平吗？

那就要看高考是不是用"同一把"尺子丈量千万学生。

答案是：是的。

高考用"分数"这把唯一的尺子丈量所有学生。高一分，你就可以上清华或北大；低一分，你就只能明年再来。谁也不能作弊，学生作弊则退考，老师作弊则坐牢。

你可能会质疑：那为什么要用"分数"这把尺子呢？为什么不用"素质"的尺子？为什么不用"美德"的尺子？或者，为什么不用身高、扶老人过街的次数作为衡量的标准？

这就涉及第二个概念：公正（Justice）。

公正

什么是"公正"？公正，可以理解成选"哪一把"尺子来丈量。

那么，到底选哪一把尺子来丈量，才算是公正，甚至是正义呢？

让家长来决定吗？

我们常说"每个人心中都有一把尺子"，孩子擅长什么，家长的尺子就长什么样。如果把决定权交给家长，清华、北大恐怕得扩招 1000 万人。

让学校来决定吗？

美国的私立学校，可以自主决定用"哪一把"尺子。所以，每个学校手里都拿着一把不同的尺子，甚至是一组套尺。比如哈佛大学（简称哈佛），手上拿着的就是一组套尺："分数"这把尺子很重要，"社会活动"这把尺子很重要，"体育特长"这把尺子很重要，"背景多元化"这把尺子也很重要。当然，"家里有钱并愿意捐款"这把尺子同样很重要，因为捐款有助于学校发展。

你可能会义愤填膺："我没钱就没资格读哈佛吗？我成绩好，只是没钱捐款，就要被有钱人挤掉名额吗？这不公平！"

首先，我要纠正你，这不叫不"公平"。只要"捐款优先"这个规则是一视同仁的，哈佛的行为就是公平的。

但你可以说，这个规则不"公正"。

公正是一个有关价值观的问题，谁也未必说服得了谁。那么核心问题来了：谁有权"定义"公正？

在这件事中，哈佛是公正的定义者。

为什么？因为是校方而不是你对哈佛的成功或失败负责。如果因为"捐款优先"的规则，哈佛遭人唾弃，再也没人报考，招不到好学生，最后倒闭了，损失的是校方，不是你。校方承担责任，所以有权制定标准。

公正的本质不是"你对我错"的问题，而是"谁有权做选择"的问题。

每一所学校，都有权定义自己的"公正"。我们只能接受，因为学校是他们的，他们可以做主。但我们要问他们一个问题："你确定就用这组套尺来录取学生吗？"如果确定了，从现在开始，就不准换尺子了。

为什么？因为学校有权定义"公正"，但无权妨碍"公平"。

这就像一场散打比赛，如果你说可以用腿、可以打脸，那好，这些可以确定为规则，但规则一旦确定，就不能随意更改了。从此以后，我用腿打了你的脸，你要服输。

你定义公正，我维护公平。

那么，有办法让中国的每一所高校都像美国的私立学校一样用自己的尺子或套尺招生吗？这听上去似乎更公正。

有可能，但这会极大地增加维护公平的成本。

你可能知道斯坦福招生腐败案，在美国相对完善的诚信体制和严厉的司法体系下，分散的"公正定义权"依然带来了对"公平"的破坏。

那么，如果让中国的每一所高校都自主定义"公正"，然后分别维护"公平"，那么，带来的问题可能会远远超出你的想象。如果监管不力，可能会有无数学生在"不公平的公正"中被绝望地改变人生。

高考，是难以监管的公正对总体公平的妥协，然后在此基础上，谨慎地添加了一点额外的"公正"因子，来中和粗暴的公平。比如，用省级名额分配来弥补不同地域之间的教育水平不公，用各地自己出卷来弥补不同地域之间知识结构的不公。

公开

难道就真的没有办法做到既公平又公正吗？

有。那就是"公开"（Open）。

公开，我们可以将其理解成把丈量的过程展示给公众，让同意公正者监督公平。

比如美国总统大选。

（1）用一人一票选举美国总统，你们同意吗？都同意。好，我们定义了"公正"。

（2）可以演说，可以影响，但谁也不准用钱购买选票，这就是"公平"。

（3）投票结束，在摄像头面前唱票，接受全民监督，这就是"公开"。

一旦公开，维护公平的成本将会因为分摊给所有利益相关者而大大降低。

每年高考，考生写作文；高考结束，高校写论文——

"以'我为什么招这 300 个学生'为题。要求不少于 3 万字。除了诗歌，文体不限。"然后，公开发表。也许只有这样，才能做到用公开监督基于公正的公平。

小
提
示

公平——用"同一把"尺子丈量万物；

公正——选"哪一把"尺子来丈量；

公开——把丈量的过程展示给公众，让同意公正者监督公平。

现在你觉得，高考公平、公正、公开吗？

效率与公平

2020 年，阿里巴巴以它不愿意的方式，持续成为媒体头条。除了暂缓上市、反垄断处罚、被几大金融部门约谈、因"二选一"被立案调查等负面新闻之外，还有各种谣言齐飞。

而与此同时，其他各大互联网公司也从来没有为"被看见"这么担忧过。大家不约而同地按下了静音键，能不发声就尽量不发声。

随着监管部门各项调查的推进，其态度日益明确，似乎靴子在不断落地。

很多人问我：靴子落地后，阿里巴巴的未来会怎样？这些不断明确的政策，对其他所有互联网公司来说，意味着一个短期挑战的结束，还是一个长期变化的开始？

要回答这些问题，并不容易。因为这涉及一组对立统一的、深刻的经济学、社会学概念：公平和效率。

什么是公平，什么是效率

什么是公平，什么是效率？

举个例子。老王和小张都是玉石匠人，他们在品质不同的玉石上雕刻，使其成为价值不等的艺术品，然后卖钱。

我们知道，同一个匠人，用通体晶莹剔透的宝玉雕刻出来的成品，比用满是裂纹、斑点的碎石雕刻出来的成品更值钱。

我们也知道，同一块玉石，真正的艺术大师雕刻出的成品，比年轻的新手学徒雕刻出的成品更值钱。

玉石品质和匠人手艺，是乘数关系。用公式表示，就是：

$$成品价值 = 玉石品质 \times 匠人手艺$$

假设现在有两块玉石，一块是碎石，品质是 3；一块是宝玉，品质是 9。小张的手艺是 2，老王的手艺是 8，请问应该让谁来雕刻哪一块玉石？

让老王雕刻宝玉？好。我们算一下这个方案的成品总价值，也就是两人的总收入。

$$9（宝玉）\times 8（老王）+ 3（碎石）\times 2（小张）$$

$$= 72（老王的收入）+ 6（小张的收入）$$

$$= 78（两人总收入）$$

总收入是 78。不错。但小张对这个结果非常不满意："差距太大了吧？凭什么老王拿 72，我拿 6？这不公平。我不服气。我也要雕刻宝玉！"

那么，让小张雕刻宝玉？好。我们也来算一下这个方案的成品总价值，即两人的总收入。

$$3（碎石）\times 8（老王）+ 9（宝玉）\times 2（小张）$$

$$= 24（老王的收入）+ 18（小张的收入）$$

$$= 42（两人总收入）$$

果然，小张的收入上涨了 12，甚至接近老王的收入。但代价是，两人的总收入下降了 36！这算得上是断崖式下跌！

那么请问，你会把宝玉给老王雕刻，还是给小张雕刻？

这个选择的本质，是选择公平，还是选择效率？

现在回到最开始的问题。

什么是公平？

公平，是指收入分配追求相对平等。

把宝玉给小张雕刻，收入相对平等了。老王能力强，收入 24。小张能力差，收入少点，但也有 18。24 和 18，差不了太多。这就是公平。

但是，这样的公平，在一定程度上牺牲了效率。虽然小张满意了，但社会总财富从 78 跌到了 42，经济发展被严重拖慢了。

什么是效率？

效率，是指以最小的投入获得最大的产出。

把宝玉给老王雕刻，能获得最大的产出。为什么？因为老王的能力可以把宝玉的价值发挥到极致，整体收入因此从 42 暴增到 78。把资源给用得最好的人，社会财富实现了最大化。

而使资源配置最优化，提升总体效率，这正是经济学研究的目的。

这也是为什么诺贝尔经济学奖获得者、著名经济学家科斯说："资源，总会落到用得最好的人手里。"

但是，这样的效率，在一定程度上牺牲了公平。社会总财富是最大化了，但小张"被平均了"。小张的财富增加速度远低于老王，这使得贫富差距越来越大。效率的红利，没有公平地降临。

现在你大概就明白了，为什么我要给你讲老王和小张的故事。

因为今天的互联网巨头，就是"老王"。它们带来了效率，但也"消灭你与你无关"地把"小张"甩在了身后。

而线下的小卖家、出租车司机、高速公路上的收费员、你家门口的菜贩、不会用移动支付的老人，就是"小张"。他们也热切地盼望着社会的进步，但总觉得自己被社会抛弃了。

那么，我们到底应该支持"老王"，还是支持"小张"呢？

再分配的智慧

1978 年，中国开始改革开放。

在理解了"公平"和"效率"这组对立统一的概念之后，你就会恍然大悟，为什么中国改革开放的总设计师邓小平会说"让一部分人先富起来"。

让谁先富起来？让老王先富起来。

为什么要让老王先富起来？因为科斯说了，要追求效率，就要把最好的资源给用得最好的人。这个"用得最好的人"，就是手艺卓群的老王。老王手艺好，又拿到了宝玉，创造财富的效率就会最大化。

所以，20 世纪 80 年代，在改革开放初期，整个中国都在强调"效率优先"。因为效率优先，老王被激励，才能带来整体经济的高速增长。

可是，老王先富起来，就必须以小张穷下去为代价吗？

当然不是。这就涉及"再分配"的智慧。

商业是社会财富的初次分配。老王拿得多，小张拿得少，就是初次分配的结果。那什么是再分配？就是把初次分配中老王们创造的一部分财富通过税收、费率等方式收上来，再分给小张们。

你一定对个人所得税很熟悉。你的收入越高，个人所得税的税率就越高。这个累进增高的个人所得税制度，就是以削峰填谷的方法，把经济增长的整体红利相对平等地再分配给更多人。

怎么再分配？失业救济、再就业培训、减免低收入人群的税费、提供更多便宜的社会服务，甚至现金补助等，都是再分配的方式，通过这些方式可以把部分社会财富分给小张，以求一定程度上的公平。

所以，大家逐渐形成一套共识：初次分配负责效率，再分配负责公平。

初次分配、再分配，各司其职。在初次分配时支持老王，在再分配时支持小张。

然而，虽然有再分配，但是效率优先在初次分配中累积的不公平依然越来越多，贫富差距依然越来越大。这种不公平的累积，导致老王越来越桀骜，小张越来越不满。

怎么办？

摸着石头过河，进行调整。

20 世纪 90 年代，"效率优先"被调整为"效率优先，兼顾公平"。

中共十六届六中全会提出，"更加注重社会公平"。

中共十七大提出，"把提高效率同促进社会公平结合起来"。

中共十八大提出，"初次分配和再分配都要兼顾效率和公平，再分配更加注重公平"。

中共十九大提出，"促进收入分配更合理、更有序"。

其中，尤其要注意的是这句："初次分配和再分配都要兼顾效率和公平，再分配更加注重公平。"

这意味着初次分配也不能只支持老王了，也要"兼顾效率和公平"。

老王，感谢你，但是，不能再让你拿走所有的宝玉了，也要分给小张几块。这样，小张才能更早地、更优先地分得经济增长的红利。

不可忽视的"效率与公平的均衡"

你看到了吗？那只"公平与效率"之钟上的钟摆，正在从极致"效率优先"的那一侧，缓缓地向"公平"这一侧回摆，逐渐指向"效率与公平的均衡"。

这只钟太大了，大到你很难看清。这个钟摆摆动得太慢了，慢到你很难注意到。

但是，这也许是所有互联网公司都必须看到和理解的。这只钟正在准点报时，现在的时刻是：在初次分配时，也要寻求"效率与公平的均衡"。

2020 年 12 月 16 日至 18 日，中央经济工作会议在北京召开。因为 2021 年是"十四五"的开局之年，所以这次会议备受关注。会议讨论了很多内容，并最终确定了 2021 年经济工作的八项重点任务。

这八项任务，每一项都很重要。其中，第六项引起了热烈的讨论，那就是"强化反垄断和防止资本无序扩张"。

为什么？因为垄断和资本无序扩张伤害了初次分配中"效率与公平的均衡"。

在效率的高速公路上，互联网公司一路狂奔，超速驾驶。而这些政策，便是交警根据公平的限速牌开出的罚单。

小
提
示

回到本节最开始的问题。

对阿里巴巴的各种调查的结束，并不是一个短期挑战的结束，而是一个长期变化的开始。

在这个长期变化中，公平是下一个时代的红利。

但是，当公平变得前所未有地重要时，也并不意味着效率就会被抛弃。开出严厉的罚单，并不意味着要拆除高速公路。

互联网公司应该做的，是在效率的高速公路上一路狂奔时，多留意那些公平的限速牌。

怎么留意？

也许，成立"促进公平部"或者"帮扶小张部"，帮助老人们享受互联网的便利，帮助小贩们成为团长，帮助农民们提高收入，是所有想抓住"公平红利"的老王们必须做的事。

文明，是更高级的生命

什么是生命

薛定谔说，生命以负熵为食。这句话的意思是，不断摄入秩序、排出混乱，与宇宙终极命运（热寂）逆向而行的个体，就是生命。生命所践行的这些行为，翻译成生物学语言就是"新陈代谢"。

这真是一个伟大的定义。一位物理学家帮助生物学家们明确了生物学意义上生命的本质。

如果我们把这句话扩展到非生物学领域呢？也许可以这样理解：所有能自主维持（也就是新陈代谢）和发展的系统，都是生命。

无论是单细胞生物、多细胞生物，还是人类，都是生命，因为它们都能够自主维持和发展。甚至，人类也可以与体内的微生物一起被视为生命，因为它们作为一个整体，能够自主维持和发展。

生命的边界，是超越个体的，这正体现了哲学家们所说的"小我"与"大我"的区别。

从这个角度来看，公司、国家等也可以被视为生命。它们同样具有"活下去"的概念，而"活下去"本质上就是"逆熵"。

自主维持和发展，这里的"自主"二字非常重要。凡是不能自主形成秩序的，都不是生命。比如，水晶虽然具有高度规律的结构，但它并不是生命，因为它的结构是被动形成的，不是自主形成的，而且一旦被破坏，不能自主恢复和发展。

那么，非生物学的生命是如何繁衍的呢？

生物学生命的复制，通过 DNA，而非生物学生命的繁衍，通过文明。

科学研究发现，人类的 DNA 大约可以存储 1.6GB 的基础信息，好比一个 U 盘；而人的大脑理论上却能存储高达 100TB 的信息，好比一块存储量巨大的硬盘。

人这一辈子，积累了很多有利于生存的经验与知识，这些信息都存储在大脑这块"硬盘"中，以帮助人类更好地适应环境。但是，这些信息过于庞大，无法通过 DNA 这个"U 盘"完整地复制给下一代。因此，生物学意义上的人类只能不断"删减"硬盘中的信息，直到只剩下最精简的底层操作系统，也就是基本的生物本能，然后把它复制给下一代。而那些积累了一辈子的"App"（即后天习得的技能与知识），无论多么有用，都无法通过 DNA 传递。

这显然不利于生存，但这是硬件的限制。不仅人类如此，所有物种都面临这样的限制。

但是，人这个物种，很神奇。它进化出了超越生物性 DNA 限制的代际信息"复制"手段。

那就是"云"计算。

文明，是人类的"云"计算

这个"云"计算里的"云"，就是"文明"。

人类最精简的底层操作系统可以通过 DNA 传给下一代，那么，人类大脑里海量的最新习得的生存之道怎么传给下一代？

把它上传到文明这朵"云"里。

各种传说、神话、典籍、学说、故事、实验、理论、方法、习俗、道德、法律等，都是从个体大脑不断上传到文明这朵"云"里，然后筛选、存储下来的信息。

文明这朵"云"，是人类共享的"超级 DNA"。

每个新生命都会从这朵叫作"文明"的"云"上，下载远超 DNA 存储量的信息，比如 10TB，存入自己容量大约为 100TB 的大脑中。有人下载得快，有人下载得慢；有人下载得多，有人下载得少；有人下载这 10TB，有人下载那 10TB。

这个下载的过程，叫"教育"。

人类通过 DNA 携带信息，称为"遗传"；从文明中下载信息，称为"继承"。而同时从 DNA（可比作"U盘"）与文明（可比作"云"）中下载信息到新"硬盘"（大脑）的过程，则可称为"传承"。因为有了文明，人类的进化就超越了达尔文以生物个体为基本单位的进化论。

细胞是组织的一部分，组织是器官的一部分，器官是人类的一部分，人类则是文明的一部分。

文明是更高级的生命。

文明之争，就是高级生命之争。

地球上有若干朵不同的文明之"云"，也就是若干个非生物学生命。这些非生物学生命也在以自己的方式进化。只要进化，就要遵守"物竞天择，适者生存"的法则。有时这种文明更适合当下的环境，有时那种文明更适合当下的环境。

没有哪种文明更聪明，也没有哪种文明更强壮，只有哪种文明更合适。

在文明的眼里，我们是 −1 级的存在，就像在我们的眼里，器官是 −1 级的存在一样。

器官没有目的，人类的目的就是器官的目的。同样，人类没有目的，文明的目的就是人类的目的。

我们都是更高级的生命的一部分。这个生命，就是文明。

推荐阅读

底层逻辑：看清这个世界的底牌

作者：刘润 著 ISBN：978-7-111-69102-0

为你准备一整套思维框架，助你启动"开挂人生"

底层逻辑2：理解商业世界的本质

作者：刘润 著 ISBN：978-7-111-71299-2

带你升维思考，看透商业的本质

进化的力量

作者：刘润 著 ISBN：978-7-111-69870-8

提炼个人和企业发展的8个新机遇，帮助你疯狂进化！

进化的力量2：寻找不确定性中的确定性

作者：刘润 著 ISBN：978-7-111-72623-4

抵御寒气，把确定性传递给每一个人

关 键 时 刻 掌 握 关 键 技 能

人际沟通宝典
《纽约时报》畅销书，全球畅销500万册
书中所述方法和技巧被《福布斯》"全球企业2000强"中近一半的企业采用

推荐人

史蒂芬·柯维 《高效能人士的七个习惯》作者
汤姆·彼得斯 管理学家
菲利普·津巴多 斯坦福大学心理学教授
穆罕默德·尤努斯 诺贝尔和平奖获得者
麦克·雷登堡 贝尔直升机公司首席执行官

刘润 润米咨询创始人
毛大庆 优客工厂创始人
肯·布兰佳 《一分钟经理人》作者
夏洛特·罗伯茨 《第五项修炼》合著者

关键对话：如何高效能沟通 （原书第3版）

作者：科里·帕特森 等 书号：978-7-111-71438-5

应对观点冲突、情绪激烈的高风险对话，得体而有尊严地表达自己，达成目标

关键冲突：如何化人际关系危机为合作共赢 （原书第2版）

作者：科里·帕特森 等 书号：978-7-111-56619-9

化解冲突危机，不仅使对方为自己的行为负责，还能强化彼此的关系，成为可信赖的人

影响力大师：如何调动团队力量 （原书第2版）

作者：约瑟夫·格雷尼 等 书号：978-7-111-59745-2

轻松影响他人的行为，从单打独斗到齐心协力，实现工作和生活的巨大改变

推荐阅读

"麦肯锡学院"系列丛书

麦肯锡方法：用简单的方法做复杂的事
作者：[美]艾森·拉塞尔 ISBN：978-7-111-65890-0
麦肯锡90多年沉淀，让你终身受益的精华工作法。

麦肯锡意识：提升解决问题的能力
作者：[美]艾森·拉塞尔 等 ISBN：978-7-111-65767-5
聪明地解决问题、正确地决策。

麦肯锡工具：项目团队的行动指南
作者：[美]保罗·弗里嘉 ISBN：978-7-111-65818-4
通过团队协作完成复杂的商业任务。

麦肯锡晋升法则：47个小原则创造大改变
作者：[英]服部周作 ISBN：978-7-111-66494-9
47个小原则，让你从同辈中脱颖而出。
适合职业晋级的任何阶段。

麦肯锡传奇：现代管理咨询之父马文·鲍尔的非凡人生
作者：[美]伊丽莎白·哈斯·埃德莎姆 ISBN：978-7-111-65891-7
马文·鲍尔缔造麦肯锡的成功历程。

麦肯锡领导力：领先组织10律
作者：[美]斯科特·凯勒 等 ISBN：978-7-111-64936-6
组织和领导者获得持续成功的十项关键。